人生三件事：

说话、做人、办事

潘鸿生 柴一兵 ◎编著

北京工业大学出版社

图书在版编目（CIP）数据

人生三件事：说话、做人、办事 / 潘鸿生，柴一兵
编著 . —北京：北京工业大学出版社，2017.3（2022.3 重印）
ISBN 978-7-5639-5060-7

Ⅰ. ①人… Ⅱ. ①潘… ②柴… Ⅲ. ①成功心理－通俗
读物 Ⅳ . ① B848.4-49

中国版本图书馆 CIP 数据核字 (2016) 第 307535 号

人生三件事：说话、做人、办事

编　　著：潘鸿生　柴一兵
责任编辑：宫晓梅
封面设计：胡椒书衣
出版发行：北京工业大学出版社
　　　　　（北京市朝阳区平乐园 100 号　邮编：100124）
　　　　　010-67391722（传真）　bgdcbs@sina.com
经销单位：全国各地新华书店
承印单位：唐山市铭诚印刷有限公司
开　　本：787 毫米 ×1092 毫米　1/16
印　　张：14
字　　数：210 千字
版　　次：2017 年 3 月第 1 版
印　　次：2022 年 3 月第 4 次印刷
标准书号：ISBN 978-7-5639-5060-7
定　　价：39.80 元

前　言

　　说话、做人、办事是我们每天都离不开的事情，也是我们整个人生的重要组成部分。我们天天在说话，但不一定就能把话说好；我们天天在做人，不一定就能把人做好；我们天天在办事，也不一定就能把事情办好。一个人要想在社会上吃得开，就必须掌握立身处世的三大技巧：会说话、会做人、会办事。只有具备了这三者，别人才容易接纳你、尊重你、帮助你、满足你，你的愿望才会实现。可以说，说话、做人、办事是决定一个人一生成败的三大支撑点，会其一可立身，会其二可出众，会其三则无往而不胜。

　　从三者关系的角度来看，会说话是会做人、会办事的前提，会说话的人，办事能力就会相应提高，做人也就一定很成功。会做人是会说话、会办事的基础，会做人的人在说话办事时都能让人如沐春风。会办事、会说话是会做人的具体表现，只有善于办事，你才可以得到别人的认可。

　　会说话、会做人、会办事是一个人在生存竞争中获胜的必备本领。当

你真正掌握了说话的分寸、做人的准则、办事的尺度时，你就拥有了成功人生的资本，就一定能在事业上取得成功，在人生中找到幸福。

本书以实用、方便为原则，将日常生活中最有效、使用率最高的说话技巧、做人哲学、处事方略介绍给读者。书中所总结的说话方式、做人哲学、办事技巧会给予你鼓舞的力量和心灵的慰藉，会带给你一次次的惊喜和顿悟。

目　　录

上篇　会说话

第一章　初次见面，这样说话让人印象深刻 3

初次见面，自我介绍要得体 3

主动打招呼，让彼此熟悉起来 5

善用肢体语言，表达和传递你的感情 7

找好话题，把握好说话的主动权 10

好声音为你的口才加分 12

第一次就记住对方的名字，赢得对方的好感 14

给人留下良好的第一印象 16

第二章　心中有尺度，嘴上有分寸 19

说话看情况，别哪壶不开提哪壶 19

别人的隐私，要么拒之门外，要么烂在肚里 21

切莫逞一时口快，而刺伤他人 23

不咄咄逼人，要得理饶人 25

不要乱开玩笑，否则会惹人反感 27

提高说话质量，尽量通俗易懂 ·················· 29

不要与人进行不必要的争论 ···················· 31

把话说到点子上，不要喋喋不休 ·············· 33

第三章　打动人心，把话说到人的心坎里 ·········· **36**

真诚最能打动人 ································ 36

见什么样的人，说什么样的话 ················ 38

适宜的场合说适宜的话 ······················ 40

讲究赞美的技巧，说得对方心里舒坦 ·········· 42

学会倾听，这是对他人最好的尊重 ············ 44

语言是银，沉默是金 ························· 46

第四章　懂点儿心理学，这样说服对方 ·········· **48**

以退为进，更能达到预期的目的 ·············· 48

迂回说话，绕着弯子说服对方 ················ 49

制造心理共鸣，让他自觉地认同你 ············ 51

利用权威效应，使对方坚信不疑 ·············· 53

巧用激将，让对方就范 ······················ 55

利用"自己人效应"说服他人 ················ 56

第五章　能说会道，不同场合的说话术 ·········· **59**

利用出众的口才，让领导认同自己 ············ 59

不断地肯定和赞扬你的下属 ·················· 61

与同事说话的语言技巧 ······················ 64

在谈判中轻松回答对方的提问 ················ 68

自我解嘲，谈笑间打破窘局 71

临危不乱，冷静应对麻烦事 74

巧妙开场，一句话引起听众最大兴趣 77

中篇　会做人

第一章　正直做人，拥有高尚品德 83

保持谦虚谨慎，更容易获得尊重 83

良好的品德比杰出的才能更令人赞赏 84

保持诚实的品质，就是保持他人的信赖 86

良好的教养，令你更具人格魅力 88

第二章　洒脱做人，笑看得失 90

得之坦然，失之淡然 90

百得会有一失，百失也会有一得 92

不要为过去的事而苦恼 95

所谓的完美只存在于童话故事里 98

第三章　宽容做人，你就会快乐一些 101

胸中天地宽，常有渡人船 101

有一种境界叫宽容 103

容人待人方显大家本色 104

宽容别人也就是善待自己 107

人生三件事——说话、做人、办事

第四章　低调做人，你会一次比一次稳健 **109**

放低身价才能提高身价 109

示弱也是一种极大的智慧 111

不要过分张扬自己的个性 112

不要抢了上司的风头 115

夹着尾巴好做人 117

在低调中修炼自己 119

第五章　乐观做人，打造平衡心态 **122**

快乐源于你的内心 122

不要为了小事而生气 124

凡事往好处想，心情自然好 125

每天都要有一个好心情 128

再苦再累也要笑一笑 130

快乐是自己选的，烦恼是自己找的 131

下篇　会办事

第一章　打破常规，灵活转变做事的思路 **135**

变通才能有所突破 135

不断创新才能找到出路 138

办难事要倒过来想办法 141

转换思路，灵活应变 144

勤于思考方能成就未来 146

第二章　有胆有识，在最佳时间做出最正确的决策 149

立即执行，任何事情都经不起拖延 149

敢于放弃，以壮士断腕的勇气做出决策 153

有胆有识，敢于冒险才能抓住机会 157

斩断自己的退路，才能更好地赢得出路 160

冷静应对，危机也可以转化为契机 162

第三章　提高效能，做事讲求高效率 165

合理分配，如何把时间安排得更好 165

明确目标，带着目的做事 168

化繁为简，让事情变得简单 170

高效执行，办事要向行动要结果 172

拒绝拖延，今日事今日毕 175

注重细节，提高效率 177

第四章　方法为王，做事也要讲方法 181

用对方法做对事 181

专注目标，一次只做一件事 183

事前想清楚，事后不折腾 185

学会联手你的黄金搭档 188

好风凭借力，送我上青云 191

第五章　左右逢源，善于交际的人好办事 195

察言观色，读懂对方心理 195

站在对方的立场看问题 197

给别人留足面子，他自然会感激你 ⋯⋯⋯⋯⋯⋯⋯ 200

善于推销自己，展示自己 ⋯⋯⋯⋯⋯⋯⋯⋯⋯⋯ 202

帮助别人也是帮助自己 ⋯⋯⋯⋯⋯⋯⋯⋯⋯⋯⋯ 205

多个朋友多条路 ⋯⋯⋯⋯⋯⋯⋯⋯⋯⋯⋯⋯⋯⋯ 208

上篇　会说话

第一章 初次见面，这样说话让人印象深刻

初次见面，自我介绍要得体

在日常生活和工作中，人与人之间需要进行必要的沟通，以寻求理解、帮助和支持。自我介绍是最常见的与他人认识、沟通、增进了解、建立联系的方式。

在有些情况下，自我介绍的内容很简单，只要讲清姓名、身份、目的、要求即可。例如某建筑公司采购员到某钢厂买钢材。他一进销售部门，就对坐在办公桌边的一位先生说："您好！我是某某建筑公司的采购员，来你厂买圆钢，希望你能帮忙。"说着掏出名片。那位先生接过名片看了一下，赶忙说："我叫×××，是厂里的推销员，咱们坐下来谈谈。"通过这样一番简单的自我介绍，钢材贸易的大门打开了，洽谈有了一个良好的开端。

自我介绍是一个人的"亮相"，人们的评价就从此时开始。在某种意义上来说，自我介绍是社交活动的一把钥匙。这把钥匙如果运用得好，可使你在以后的活动中得心应手；反之，若造成了不良的第一印象，也会使你觉得困难重重。那么，应该怎样做自我介绍呢？心理学家为我们提出了几点建议：

1.注意内容

自我介绍的内容，通常包括本人姓名、年龄、籍贯、学历、特长、兴趣等。至于是否要"和盘托出"，你可根据交际的目的、场合、时限和对方的需要等做出恰当的判断，尽量使介绍能满足对方的要求。

2.注意时间

自我介绍一定要简洁，尽可能地节省时间。通常以半分钟左右为佳，如无特殊情况最好不要长于1分钟。为了提高效率，在做自我介绍的同时，还可利用名片、介绍信等资料加以辅助。

3.注意态度

进行自我介绍，态度一定要自然、友善、亲切、随和，应落落大方，彬彬有礼。既不能矫揉造作，又不能虚张声势，轻浮夸张。进行自我介绍要实事求是，真实可信，不可自吹自擂，夸大其词。语气要自然，语速要正常，语音要清晰。

4.注意方法

进行自我介绍，应先向对方点头致意，得到回应后再向对方介绍自己。如果有介绍人在场，自我介绍则被视为是不礼貌的。应善于用眼神表达自己的友善，表达关心以及沟通的渴望。如果你想认识某人，最好预先获得一些有关他的资料或情况，诸如性格、特长及兴趣爱好。这样在自我介绍后，就会很容易融洽交谈。在获知对方的姓名之后，不妨口头加重语气重复一次，因为每个人都很乐意听到自己的名字。

5.注意时机

当你与陌生人初次见面时，必须及时、简要、明确地做自我介绍，让对方尽快了解你。相反，见面时相互凝视半天，你仍沉默或前言不搭后语，对方会很不愉快，甚至会产生许多疑问，使之不愿意与你交往。当然，若对方正与他人交谈，或大家的精力正集中在某人、某事上，则不宜做自我介绍；而与对方一人独处时进行自我介绍，则会产生良好效果。

主动打招呼，让彼此熟悉起来

在人际交往中，打招呼是联络感情的手段、沟通心灵的方式和增进友谊的纽带，所以，我们绝对不能轻视和小看打招呼。而有效地联络感情的手段，首先应该是积极主动地跟别人打招呼。

但生活中有很多人不重视打招呼，觉得经常见面的人用不着每次看见都打招呼；而对于不太熟悉的人，又觉得打招呼怕对方认不出自己来会造成尴尬；还有些人不愿意先向别人打招呼，他们老是在心里想："我为什么要先向他打招呼？"其实，我们完全可以通过打招呼让自己更加吸引人。特别是你为了拓展业务、广交朋友的时候。

乔·吉拉德是美国汽车销售界的传奇人物，被称为"汽车销售大王"，他没有三头六臂，也没有强硬的后台支持，他的秘诀就是主动打招呼，让你觉得他和你很熟悉，就像昨天刚刚一起喝过咖啡，聊过天似的。

"哎呀，老兄，好久不见，你躲到哪里去了？"假如你曾经和乔·吉拉德见过面，你一进入他的展区，就会看到他那迷人的、和蔼的笑容，他朝你热情地打着招呼，呼唤着你的名字，似乎你昨天刚刚来过，完全不介意你们好几个月没见面了。

他这样亲切，让本来只是想随便看看车子的你产生了一点局促不安，"我只是随便转转，随便转转。"

"来看望我必须要买车吗？天啊，那我不就成了孤家寡人了？不管怎样，能够见到你，我感到很高兴！"

吉拉德几句话就让你的尴尬和局促消失得无影无踪，也许你会跟他到办公室坐坐，聊一会儿天，喝几杯茶，爽朗而不放肆地大笑一气。当你起身告别的时候，你的心里会产生一种恋恋不舍的感觉，这个时候，你的购买欲望会变得更加强烈，原本的购置计划也许会提前落实。

对于陌生的顾客，吉拉德也有自己的一套办法。一天，一个建筑工人来到了他的展位，吉拉德与他打完招呼，并没有着急介绍自己的商品，而是和工人谈起了建筑工作，吉拉德一连问了好几个关于施工队的问题，每个问题都围绕着这位建筑工人，比如"您在工地上做什么具体工作""你是否参与过附近哪片小区的建造"等，几个问题下来，他和这位建筑工人成了无话不谈的好朋友，建筑工人不但非常信赖地把挑选汽车的任务交给了他，而且还介绍他和自己的同事们认识，使吉拉德获得了更多的商机。

由此可见，主动向别人打招呼，不仅可以让别人心情畅快，给人留下好感，还可以为你的事业带来帮助。

打招呼是给对方带去好印象的第一步。 打招呼其实是想向对方传递一种信息。这是为了使双方更加接近的非常重要的行为。这不仅是接触的第一步，也是所有人际关系的起点。

人是很容易被感动的，有时候，一个热情的问候，就可以融化冰山。所以说，打招呼是人际交往中的润滑剂，它能有效拉近双方的距离。

打招呼不仅仅是你呼我应的一种礼仪，更重要的是，它是爱的桥梁、纽带，架起人与人之间的尊重、平等，传递着亲人般的爱。

善用肢体语言，表达和传递你的感情

肢体语言又称身体语言，是指通过身体各部分能为人所见的活动来进行表达和交流，也可称之为体态语言或无声语言。它主要包括手势、眼神、动作及姿态等，是有声语言的重要辅助手段和补充，通过肢体语言的运用及其与有声语言的有机结合，能达到"眉来眼去传情意，举手投足皆语言"的境地。

话语的主要作用是传递信息，而肢体语言则通常被用来进行人与人之间思想的沟通和谈判。在某些情况下肢体语言甚至可以取代话语的位置，发挥传递信息的功效。一个有趣的实验发现：一个人要想向外界传达完整的信息，他的语言成分只占17%，声调占38%，而剩下45%的信息却要通过肢体语言来传达。也就是说，任何与社会交往有关的事物都可能出现两种现象：第一，45%的交流是非语言性的；第二，非语言性表达的影响力要比语言表达性强5倍左右。心理学家认为，一个人外部表现出来的某种姿态是其内心状态的外在展示，它依这个人的情绪、感觉与兴趣而定。甚至有时候，一个人无意识地表现出来的姿态，要比成百上千句话更有分量。

美国作家威廉·丹福思曾有这样一段描述："当我经过一个昂首、收下颚、放平肩膀、收腹的人面前时，他对于我来说，是一种激励，我也会不由自主地站直。"这段话道出了身体语言对他人产生微妙影响的玄机。即便在你沉默不语的时刻，你的姿态、神情，已经在无声地告诉人们你是谁，并且一定程度地决定了人们将如何对待你。

肢体语言可以塑造一个人的形象，也可以破坏一个人的形象。在演讲中，很多成功的大人物对肢体语言驾轻就熟，用之传递信息，讲话有时无

须过多的语言，只需一个优雅的举止。

法国戴高乐将军在发表演讲时总是耸起肩，做出要抓住天空的手势，用来有效地煽动人们的情绪。丘吉尔首相有一个经典手势——"Ｖ"形手势。比如他在当选首相的时候，在发表演说的时候，在盟军登陆诺曼底的时候，在法西斯土崩瓦解的时候，他总是喜欢伸出食指和中指，做出一个豪迈的"Ｖ"形手势。现在"Ｖ"形手势已成为世界通用的手势了。正如他的夫人克莱门蒂娜于1953年12月10日代丘吉尔先生领取诺贝尔文学奖时所说："在黑暗的年代里，他的言语以及与之相应的行动，唤起了世界各地千百万人们心中的信念和希望。"

从上面的事例可以看出，通过身体语言的合理利用，因势利导，能够更好地影响和带动他人。在人际交往中，如果你想增强个人气场，提高口才能力，其关键就取决于你能不能运用恰当、自信的肢体语言，包括恰当的站姿、坐姿、体态、手势、表情和语调。

肢体语言的运用是一项重要技巧。下面，为大家介绍一下肢体语言的特征以及象征意义，以便在与人的交流中能够被更好地利用。

1. 目光的交流

眼神交流是沟通必不可少的。俗话说："眼睛是心灵的窗口。"人与人之间的沟通有时不需要说话，仅仅靠眼神的传递就能传情达意了。在人际交往中，我们一定要善于利用眼神。如果你想对方对你的印象深一点，你就要看他久一点；如果你想在谈判中获胜，你的眼神就要坚定点；如果你想表示对对方有兴趣，你得使自己眼睛变亮点。

2. 肢体语言表达情绪

谈到用肢体来表达情绪时，我们自然会想到很多惯用动作的含义。

鼓掌：表示兴奋。

顿足：表示生气。

垂头：表示沮丧。

捶胸：表示痛苦。

摆手：表示制止或否定。

双手外推：表示拒绝。

双手外摊：表示无可奈何。

双臂外展：表示阻拦。

搔头或搔颈：表示困惑。

搓手、拽衣领：表示紧张。

拍头：表示自责。

耸肩：表示不以为然或无可奈何。

双手举过头顶：表示暴怒。

双手往上伸直：表示激动。

双手枕在头下：表示舒展。

一只手托着下巴：表示疑惑。

耸肩、双手外摊：表示不感兴趣。

颔首、双手放在胸前：表示害羞。

3.身体的接触

在人际交往中，我们可以通过与他人的身体接触来实现沟通。恰当地运用身体接触，可以更好地拉近与对方的距离。比如可以用与对方握手、拍拍对方的肩膀、给对方一个拥抱等方式来表达友好、鼓励、安慰等情感。不过，在使用肢体接触方式时必须考虑双方的年龄、级别、性别、场合等因素，不可随心所欲、任意妄为，以免引起不必要的误会和麻烦。

找好话题，把握好说话的主动权

所谓主动权就是在交谈中要学会没话找话的本领。所谓"找话"就是"找话题"，找交谈的切入点。找到了一个好话题，就能使谈话顺利地进行下去，使双方的谈话更加融洽自如。

好的话题是初步交谈的媒介，深入细谈的基础，纵情畅谈的开端。好话题的标准是：至少有一方熟悉，能谈；大家感兴趣，爱谈；有展开探讨的余地，好谈。

有一次，有一位业务员去一家公司销售电脑，他看到这位公司老总的书架上放着几本金融投资方面的书。这名业务员刚好对金融投资比较感兴趣，所以，就和这位老总聊起了投资的话题，从股票聊到外汇，从保险聊到期货，聊人民币的升值，聊最佳的投资模式，两个人聊得热火朝天，忘记了时间，最后当谈到业务员销售的那种产品时，老总毫不犹豫地和他签约了。

在人际交往中，要想很好地与他人交流，关键是学会"没话找话"，和对方有共鸣。很多人怕与陌生人交往，主要是和陌生人不知道说什么，总感觉找不到话题交流，其实只要你做个有心人，谈话时多加留意，就不难发现彼此对某一问题有相同的观点，或者有共同的爱好和兴趣、共同的关注点，就此可以顺利地展开交谈。

怎样才能找到好话题呢？

1.留心观察

一个善于观察事物、分析问题、处理矛盾的人，只要把寻找话题的着眼点放在他人身上，话题就会取之不尽用之不竭。一个人的心理状态，精神追求等，都或多或少地要在他们的表情、服饰、谈吐、举止等方面有所表现，只要你善于观察，就会发现你们的共同点。例如，他和你一样都穿了一双耐克气垫运动鞋，你就可以以耐克鞋为话题开始你们的谈话。

2.以话试探

两个陌生人相对无言，为了打破沉默的局面，首先要开口讲话，可以采用自言自语的方式，例如，"天太冷了"，对方听到这句话便可能会主动回答将谈话进行下去。　还可以以动作开场，随手帮对方做点事，如推下行李箱等；也可以发现对方口音特点，打开开口交际的局面，例如：听出对方的东北口音，说："东北人吧？"由此话题便可顺利展开。

3.循趣发问

问明他人的兴趣，循趣发问，能顺利地进入话题。每个人都有自己的兴趣爱好，即使一个再沉默寡言的人，只要与人谈起他的兴趣爱好，他也会口若悬河。如对方喜爱象棋，便可以此为话题，谈下棋的情趣，车、马、炮的运用，等等。如果你对下棋略通一二，那你俩肯定谈得投机。如果你对下棋不太了解，那也正是个学习的好机会，可静心倾听，适时提问，借此大开眼界。你也可以先谈谈自己的兴趣爱好，来个抛砖引玉，然后在彼此的兴趣爱好里寻求共鸣点，以此增进了解，深化感情，并把彼此兴趣爱好扩大到一个广阔的领域。

4.以对方为话题

人们往往千方百计地想使别人注意自己，但大部分人都不会去特意注意别人，因为他不会关心你，他只会关心他自己。因此，以对方作为谈话的开端，往往能令他人产生好感。赞美陌生人一句"你的衣服颜色搭配得真好""你的发型很新潮"能使他快乐从而缓和彼此的生疏感。也许，我们大多数人都没有说这话的勇气，不过我们可以说："您看的那本书正是我最喜欢的。"或是："我看见您走过那家便利店，我想……"

5.细加揣摩，仔细分析

为了发现与陌生人的共同点，你应该留心那些你需要交际的人跟别

人的谈话，对他们的谈话进行分析、揣摩。如果你能够与这样的人直接谈话，更要认真揣摩对方的话语，从中发现共同点。

在广州的一家大型百货商场里，一位海军军官对服务员说："请你给我找一件特大号的服装。"

这位军官是苏北人，把"我"说成了地道的苏北土语。同时，另一位在广州陆军部队服役的军官，听了这句话，也用手指着货架上的某一商品对营业员说了一句相同的话，两句话的字里行间都渗透着苏北乡土气息。

两位陌生人相视一笑，各自买了要买的东西，出门就谈了起来，从老家谈到部队，从眼下任务谈到这些年来走过的路，并介绍着各自将来的打算。

不知情的人怎么也不会相信，身在异乡的一对老乡的亲热劲是因为揣摩了对方一句家乡话而带来的。可见，细心揣摩对方的谈话确实可以找出双方的共同点，使陌生的路人变为熟人，进而发展成为朋友。

好声音为你的口才加分

声音和人类有着紧密的联系。我们通过声音表达思想、情感、观点等，声音是我们的内在感觉的再现。希腊哲学家苏格拉底说："请开口说话，我才能看清你。"正因为他了解，人的声音是个性的表达，声音来自人体内在，是一种内在的剖白。慷慨激昂的演讲，如泣如诉的哀求，声情并茂的朗读都会给人留下深刻的印象。

心理学家认为，声音决定了人类38%的第一印象，而音质、音调、语速变化和表达能力则占说话可信度的85%。说话是一种有声语言的表达，因此，说话声音的质量显得尤为重要。

有一位非常成功的女性，她的声音清脆圆润，不管她到任何地方，只要她一开口说话，所有的人都侧耳倾听，因为他们无法抗拒如此富有魅力的声音。那种真诚、爽朗、充满生命活力的声音就像从干裂的地面喷出的一股清泉，就像从静寂的山谷涌出的一道急流，在每个人的心头涓涓而流，恰似生命中最美的音乐。事实上，这位女士的相貌相当普通，甚至可以说是有些丑陋，然而她的声音却是那样的圣洁甜美；它所带来的魅力是不可阻挡的，并且也从某个层面上象征着她高雅的素养和迷人的个性。

一个人的动听声音应该是饱满而充满活力的。既能充分表达自己的感情，又能调动他人的感情。音质宽厚纯美、语调抑扬顿挫，可以表现出独特的魅力，美化你的形象，保持人们对你的注意力，并且增强交流的效果。

一个人的声音，是有神而无形的文字，是一份比外貌更能持久迷人的魅力。美妙的声音可以穿越心灵，让你在人际交往中掌握主动权。

一个人的声音虽然是天生的，但是并非不能改变。人的声音是可以训练的，这跟人的形体一样。通过平时的练习，可以让声音充满韵味。很多播音员、歌唱家的声音都是训练出来的。世界著名电视节目主持人靳羽西在刚开始当电视主持人的时候，也是通过练习，逐渐地掌握了说话的技巧。我们不需要像专业主持人那样，达到纯正、专业的普通话标准，但是我们需要在发声上多注意。要注意控制气息、音色、音量，言谈中要口齿流利，只有做到这些才能塑造出优雅迷人的形象。所以，如果你想要自己的声音优美动听，就需要注意以下几点。

1.咬字清楚，层次分明

俗话说："咬字千斤重，听者自动容。"说话最怕咬字不清，层次不

明，这么一来，不但对方无法了解你的意思，而且会给别人带来压迫感。要纠正此缺点，最好的方法就是练习大声地朗诵，久而久之就会有效果。

2.说话的快慢要适当

说话速度不要太快或太慢，应追求一种有快有慢的音乐感。在主要的词句上放慢速度以示强调，在一般的内容上稍微加快说话速度。无变化的声音是单调的，如同催眠曲，令人精神压抑。

3.注意控制说话的音量

我们每个人说话的音量各不相同，声音过大，会让人感觉你是一个无礼、鲁莽的人。声音过小，往往会影响交流。我们应该找到一种大小最为合适的声音来和别人交谈。说话的音量也应随着内容和情绪的变换而变换，时而侃侃而谈，如淙淙流水；时而慷慨激昂，似奔泻的瀑布。在不同声音段里，要有高潮、有舒缓、有喜忧，才能引人入胜，扣人心弦。

4.注意控制说话的音调

说话时，音调的高低也要妥善安排，借此引起对方的注意与兴趣。任何一次的谈话，抑扬顿挫，速度的变化与音调的高低，必须像一支交响乐一样，搭配得宜，才能成功地演奏出和谐动人的乐章。

第一次就记住对方的名字，赢得对方的好感

在和陌生人交往的过程中，记住对方的名字很重要。牢记对方的姓名，可以快速拉近彼此之间的距离，使对方对你产生好感。

俗话说：人过留名，雁过留声。姓名是人的标志，人们出于自尊，总是很珍爱它，同时也希望别人能尊重它。美国总统罗斯福曾说过："交际中，最明显、最简单、最重要、最能得到好感的方法，就是记住人家的名字。"踏入社会和人交往的第一秘诀就是记住他人的名字，

因为记住每个人的名字，是尊重一个人的开始，也是与人有效沟通的第一步。

　　推销员希得·李维曾经遇到一个名字非常难念的顾客。他叫尼古玛斯·帕帕都拉斯，别人因为记不住他的名字，通常都只叫他"尼古"。而李维在拜访他之前，特别用心地反复练习了几遍他的名字。当李维见了这位先生以后，面带微笑地说："早安，尼古玛斯·帕帕都拉斯先生。"

　　"尼古"先生简直是目瞪口呆。过了几分钟，他都没有答话。最后，他热泪盈眶地说："李维先生，我在这个小镇生活了三十五年，从来没有一个人试着用我的真正的名字来这么称呼我。"当然，最后尼古玛斯·帕帕都拉斯成了李维的顾客。

　　由此可见，记住对方的名字是极为重要的。这既表现出了你对对方的重视，同时，也让对方感到你的亲切，如此一来，对你的好感也就油然而生。抓住了对方的这一心理特征，你也就轻松地赢得了交际的第一回合了。

　　姓名，是世界上最美妙的字眼，每个人都十分看重自己的姓名。记住别人姓名，并真诚地叫出别人的姓名，它意味着我们对别人的接纳，对别人的尊重，对别人的诚心，对别人的关注。

　　古人云：不知礼，无以立也；不知言，无以知人也。记住别人的名字，不仅传递了你对别人的尊重，满足了人类基本的心理需求，拉近了人与人之间的距离，产生其他礼节所达不到的效果，也体现了一个人的知识、涵养和魅力所在。

　　记住别人的姓名是一种礼貌，也是一种感情投资，在人际交往中会起到意想不到的效果。美国一位学者曾经说过："一种既简单但又最重要的获得好感的方法，就是牢记住别人的姓名，并且在下一次见面时喊出他的

姓名。"名字是每个人特有的标识。对一个人来说，自己的名字是世界上听起来最亲切和最重要的声音。它不但是能够获得友谊、达成交易、得到新的合作伙伴的通行证，而且还能产生其他意想不到的效果。所以，记住他人的名字，不仅表示对他人的尊重和重视，同时也让对方对你产生了更好的印象。

世界上一下子就能记住别人的名字的人并不多见，大多数人能做到这一点全靠有意培养形成的好习惯。而你一旦养成了这个好习惯，它就能使你在人际关系和社会活动中占有很多优势。

给人留下良好的第一印象

人生在世，就是不断地结识新朋友，扩大人脉圈的过程。认识每一个新朋友，都离不开第一次交往。懂得第一次交往的艺术，会使人如沐春风、相见恨晚，若不懂交往的方法，就会在交往中如无头苍蝇，到处碰壁。俗话说，良好的开端等于成功的一半，初次交往一定要给人留下好印象，因为良好的第一印象会给对方带来好感，从而让人更愿意深入接触。

曾有一位经销商讲过这样一个故事：

A公司是国内很有竞争力的公司，他们的产品质量很高，销售业绩也不错。

经销商说：有一天，我的秘书打电话告诉我A公司的销售人员约见我。我一听是A公司的就很感兴趣，听客户讲他们的产品质量不错，我也一直没时间和他们联系。没想到他们主动上门来了，我就告诉秘书让他下午3：00到我的办公室来。

3：10我听见有人敲门，就说请进。门开了，进来一个人。穿着一套皱皱巴巴的浅色西装，他走到我的办公桌前说自己是A公司的销售员。

我继续打量着他，羊毛衫，领带。领带飘在羊毛衫的外面，有些脏，好像有油污。黑色皮鞋，没有擦，看得见灰土。

有好大一会儿，我都在打量他，心里在开小差，脑中一片空白。我听不清他在说什么，只隐约看见他的嘴巴在动，还不停地放些资料在我面前。

他介绍完了，房间突然安静了下来。我一下子回过神来，我马上对他说把资料放在这里，我看一看，你回去吧！

就这样我把他打发走了。在我思考的那段时间里，我的心里并没有接受他，而是本能地想拒绝他。我当时就想我不能与A公司合作。后来，另外一家公司的销售经理也来找我，我一看，与先前的那位销售人员简直是天壤之别，精明能干，有礼有节，是干实事的，于是我们就合作了。

有一句谚语是这样说的：第一印象永远不可能有第二次机会。可见，良好的第一印象是交往成功、和谐人际关系的良好开端。第一次与人交往是后续成功发展的关键。别人对你形成的某种第一印象，通常难以改变。而且，人们还会寻找更多的理由去支持这种印象。因此，初次见面就给人留下不好的印象的人，通常是不讨人喜欢的人，而第一次交往就给人留下美好印象的人，则更容易受人欢迎。

不可否认，给他人第一印象的好坏直接影响着你在他人心目中受欢迎的程度。美国心理学家亚瑟指出：人们在会面之初所获得的对他人的印象，往往与以后所得到的印象相一致。那么，怎样才能给人留下良好的第一印象呢？从根本上说，它离不开提高自己的文明程度和修养水平，离不开进行经常的心理锻炼。针对于此心理学家提出了以下几条建议：

1．注意仪表

仪表是一个人内部思想的体现，它反映了个体内在的修养。得体的仪表，是展现个人魅力的重要手段之一。因为第一次见面，别人是没办法了解你的内在美的，而你体现在着装上的个性会让别人更加了解。如果你穿得得体，那就会给人留下一个好的印象。注意自己的穿着，不一定要穿上最流行、最时髦的衣服，只要穿着整洁，适合你的性格和体型就可以了。

2．注意谈吐

一个人的谈吐可以充分体现其魅力、才气及修养。一个人有没有才气最容易从讲话中表现出来。在社交时，要注意环境气氛，不要喧宾夺主，自说自话。风趣，幽默的言谈给人以听觉的享受和心灵的美感。

3．展现风度

风度是一个人的性格和气质的外在表现，是在长期的社会实践中所形成的性格、气质的自然流露，属于一个人的外部形态。要想有美的风度，关键在于个人在实践中培养自身的美的本质，形成美的心灵。古人早就说过："诚于中而形于外。"心里诚实，才有老实的样子。当然，人的风度是多样的，不能强求一律。人的风度的多样性，是由人的性格、气质的多样性所决定的。但是，无论性格、气质的多样性，还是风度的多样性，都应当体现出人的美的本质。只有有美的心灵，美的性格、气质，才能有美的风度。

4．注意行为举止

行为动作是一个人内在气质、修养的表现。男子的举止要讲究潇洒、刚强。女子的举止要注意优美、含蓄。在一般情况下，大方、随和、乐观、热情的人总受人欢迎；炫耀、粗鲁或过于拘束的人则让人生厌。

第二章　心中有尺度，嘴上有分寸

说话看情况，别哪壶不开提哪壶

俗话说："打人不打脸，揭人不揭短。"在人际交往中，如果你想与他人友好相处，就要体谅他人，维护他人的自尊，避开言语"雷区"，千万不要戳人痛处。

常言道："人活脸，树活皮。"从心理学的角度讲，人人都有自尊心，维护自尊是人的天性。无论一个人的出身、地位、权势、风度多么傲人，也都有不能被别人言及、不能冒犯的地方，这个地方就是这个人的"雷区"。要想与他人友好相处，就要尽量体谅他人，维护他人的自尊，避开言语"雷区"。

公元前592年，晋国大夫郤克在访问鲁国之后，又与鲁国的大夫季孙行父一起去齐国拜访。两人到达齐国后，又与卫国的使臣孙良夫，曹国的使臣公子手不期而遇。所以四位使臣结伴而行，一起到达了齐国的国都临淄。

非常凑巧的是，这四位使臣生理上都有一些缺陷：晋国的郤克只有一只眼睛，鲁国的季孙行父头上没长头发，卫国的孙良夫一条腿有残疾，曹国的公子手先天驼背。齐顷公在接见了他们四位之后，回

到后宫把这四个人的外貌向他母亲萧太后叙述了一番。萧太后好奇心特别重，非要去看一看不可。而齐顷公为了博得其母欢心，准备戏弄这四位使臣一番。他让人从城内找来一个独眼龙，一个秃子，一个瘸子，一个罗锅，分别对号入座为四位来宾驭车，定于第二天到花园做客。上卿国佐进谏说：国家之间的外交不是儿戏，人家朝聘修好而来，我们应该以礼相待，千万不要嘲笑人家。可是齐顷公仗着自己的国大兵多，别的国家对其无可奈何，遂不听劝告。第二天，当四位使臣在四位齐国仆人的陪同下，经过萧太后居住的楼台之下时，萧太后与宫女们启帷观望，不禁哈哈大笑。郤克起初见给他驭车的人也是一只眼睛，以为是偶然巧合，没有在意，等听到嘲笑声后才恍然大悟，原来齐顷公在戏弄他们。

他草草饮了几杯之后，便同三国使臣回到馆舍。当他知道台上嬉笑的是太后，不由得火冒三丈。其他三位使臣也愤愤地说："我们好意来访，齐顷公竟把我们当笑料供妇人们开心，真可恨至极！"于是四国使臣歃血为盟，对天起誓，决心协力同心，伐齐报仇。第二年，齐国借口鲁国归附晋国，出兵伐鲁，并顺手牵羊，在卫国边境地区捞了一把。晋国为了保住霸主的地位，来了个新账旧账一起算，汇集四国军队大举伐齐，打到了临淄城下，最终逼迫齐国签订了盟约。

因戏客而引起了战乱，甚至差一点遭到灭国，教训很深刻，也发人深省。

我们常说"瘸子面前不说短""胖子面前不提肥""东施面前不言丑"，对让人失意之事应尽量地避而不谈。人人都有各自不同的成长经历，都有自己的缺陷、弱点，也许是生理上的，也许是隐藏在内心深处不堪回首的经历，这些都是他们不愿提及的疮疤，也是他们在社交场合极力隐藏和回避的问题。被击中痛处，对任何人来说，都不是一件令人愉快的事。尤其是他人身上的缺陷，千万不能用侮辱性的言语加以攻击。无论是什么人，只要你触及了这块伤疤，他们都会采取一定的方法进行反击。他们都想获求一种心理上的平衡。所以说，我们要极力避免说别人的短处，否则不仅使别人的尊严受到损害，而且还表现出你品德的缺失。

常言道："金无足赤，人无完人。"人人都会有缺点，都会犯一些错误。所以，我们在与人交谈或共事时，一定不能揭别人的底，或直接指其错误，拆别人的台。与人说话要尽量做到委婉，彼此互不拆台，使彼此之间相互了解、亲近，这样才能达到有效说话的目的，才能避免造成人际关系恶化。

别人的隐私，要么拒之门外，要么烂在肚里

每个人都是独立的个体，既有他自己的思想和见解，也有保留自己的秘密和隐私的权利，尊重别人的隐私是对人最起码的尊重，也体现了我们自己的道德和修养。

所谓个人隐私，是指一个人出于个人尊严或其他某些方面的考虑，而不愿为别人所知道的个人事宜。大家都知道，谁都不愿意把自己的过错或隐私在公众面前曝光，一旦被曝光，就会感到难堪或恼怒。

有一位男大学生自小有遗尿症，久治不愈，二十岁了还这样，内心十分苦恼。室友也都知道他有这个毛病，大家都很同情和理解他，室友从来没有向宿舍之外的其他人说过。有一次，一位爱寻开心的室友，不知从哪儿来的邪念，当着同宿舍同学的面突然冒出一句："你们说这小子累不累，天天晚上绘地图，早上还得晒褥子，图个啥呀？你就不能憋着点？"

大家一听，忍不住大笑起来。那个患遗尿症的学生听了，脸色一下变得煞白，撒腿就跑了。

这个寻开心的同学把室友的缺点和隐私当作笑料说了出来，使这个学生羞愧难当，当天就没有回来，害得大家找了半夜，才在湖边找到他，原来他差点想不开要投湖自杀。

再回宿舍时他也总低着头，不敢看大伙，也不敢主动和大伙说话。那个开玩笑的同学也自觉失言，总觉得心里不是滋味。

每个人都有自己的秘密，都有一些压在心里不愿为人知的事情。在与人闲聊调侃中，哪怕感情再好，也不要把别人的隐私公布于众，更不能拿来当作笑料。不分场合、对象、环境和谈话内容，毫无选择、毫无顾忌地说别人的隐私或追问别人的隐私，都是很不理智的行为，同时也会造成别人的反感。

个人隐私是个人感的重要体现，没有个人感就没有个人隐私，没有个人隐私也就无所谓个人了。隐私之所以重要，在于它接纳了每个人私生活的合法性和独立性。个人隐私如同我们每个人的内衣，其中包含的绝大部分秘密属于生活中不可言说的部分，它必须被保密，所以它不能与人随意分享。在人际交往中，无论是同性或者是异性间，都应尊重他人，保护他人的隐私，不能强迫别人暴露。尊重、真诚、宽容、信任是人际交往中非常重要的原则。

不论多么亲密的人，都应给对方留一定的心理空间。人们总以为亲密的人之间似乎不应当有什么隐私可言。其实越是亲密的人越是要尊重隐私。这种尊重表现为不随便打听、追问他人的内心秘密，也不随便向别人吐露自己的隐私。

切莫逞一时口快，而刺伤他人

世界上的麻烦有一半是因为说话不当造成的，另一半是愚蠢所致。所以，说话不当的危害跟愚蠢造成的危害是一样的。说话不当者未必是愚蠢的人，但的确做了一件愚蠢的事。说蠢话和做蠢事有时是紧密相连的。

常言道："直言贾祸""三寸舌害六尺身"，其意就是劝导人们说话要慎言，不要出口太快，否则的话，当被自己不慎的言语所害时，没准儿自己还在云里雾里呢！

"蚊虫遭扇打，只为嘴伤人"，人与人之间原本没有那么多的矛盾纠葛，往往只是因为有人逞一时之快，说话不加考虑，只言片语伤害了别人的自尊，让人下不来台。所以，我们在社交过程中，千万不要以尖酸刻薄之言讽刺别人或者只图自己嘴巴一时痛快，殊不知这样会引来意想不到的灾祸。

从前有个相貌俊秀、文思敏捷、出口成章的才子，本应有所成就，只因生性玩世不恭，经常作诗取笑别人，落得个充军发配的下场。

一日，才子来到大街，看见前面来了一位衣着华丽、如花似玉的姑娘，一时诗兴大发，遂吟道："远见一姑娘，金莲三寸长，为何这般小……"

古时女子美不美，家世好不好，用脚的大小来衡量。这时，姑娘听到有人称赞自己脚小内心暗自高兴，随即停下脚步想听听接下来的赞美。才子见状，顽性又起，接口说："横量。"

姑娘闻言,深深觉得自己被羞辱了,遂一状告到衙门。

县太爷将才子抓来审问始末。基于惜才,县太爷给才子一次机会,若能在七步内作成好诗,且向姑娘赔罪,即无罪释放,否则便判狱收押。

才子闻言,觉得这实在太容易了,于是当堂走了三步随即吟道:"古人号东坡,今人号西坡(县太爷名叫苏西坡),这坡比那坡……"

县太爷一生崇拜苏东坡,故取名苏西坡,而今有人将他与苏东坡相比,真是大喜过望,遂催促才子说:"下一句呢?"才子见状,顽性又起,答曰:"差多!"

县太爷闻言,自己比东坡差多,这等羞辱,怎能容忍!于是怒判:"充军襄阳!"这下才子真是自食恶果了,诚乃嬉无益呀!

在充军押解当天,他舅舅前来送行。因为才子自幼父母双亡,由舅父抚养成人。舅父一见,心有不忍,悲从心来,落着泪对才子说:"平日告诉你讲话要讲该讲的话,勿贪玩!你偏不听,这下可好了,充军去襄阳!叫舅舅如何跟你死去的娘交代呢?"

这时,才子也后悔不已,声泪俱下,接着吟道:"充军到襄阳,见舅如见娘,两人双流泪……"

舅父闻言更是心疼地说:"瞧你这么优秀的人才,真是……唉!"

结果才子续接:"三行。"原来他舅舅是个独眼,一生最忌讳有人说他独眼。舅父一听,当场气晕。

与人交谈时,口无遮拦,很容易说错话,一旦说漏了嘴,再想要补救是很难的。我们常说"三思而后行",实际上,在和人交流的时候,同样要做到"三思而后说",嘴上要有个把门的,想好什么该说,什么不该说。否则,若因言行不慎而让别人下不了台,或把事情搞糟,那是最不合算的事。所以，说话时，特别要注意话到嘴边要留个把门的，绝不能图一时痛快，不顾后果地随口就说，过后又后悔莫及。要想成为一个智者，就要时时做个有心人。

不咄咄逼人，要得理饶人

在纷繁复杂的社会活动中，谁能保证自己不会和别人发生一些争执？谁又能保证自己事事处处都占理？只要没有根本的利害冲突，即便自己占理，也应让人三分，见好就收是关键。这不仅可以化解矛盾，还能够让彼此加深理解、增进友谊，对于建立融洽和谐的人际关系起到一定的促进作用。

有这样一个发生在餐厅里的故事：

"服务员！你过来！你过来！"一位顾客高声喊，指着面前的杯子，满脸寒霜地说："看看！你们的牛奶是坏的，把我的一杯红茶都糟蹋了！"

"真对不起！"服务员一边赔着不是，一边微笑着说，"我立即给你换一下。"

新红茶很快就准备好了，碟子和杯子跟前一杯一样，放着新鲜的柠檬和牛奶。服务员轻轻放在顾客面前，又轻声地说："我是不是能建议您，如果放柠檬就不要放牛奶，因为有时候柠檬酸会造成牛奶结块。"

那位顾客的脸一下子红了，匆匆喝完茶，走了出去。

有人笑问服务员："明明是他土，你为什么不直说他呢？他那么粗鲁地叫你，你为什么不还以颜色？"

"正是因为他粗鲁，所以要用婉转的方式对待；正因为道理一说就明白，所以用不着大声。"服务员说。

那个问话人赞同地点了点头。

俗话说："饶人不是痴汉。"当双方的争论已到剑拔弩张的时候，占理得势的一方应当有得饶人处且饶人的风范；切忌穷追猛打，将对方逼入死胡同。那样不仅不能辩赢对方，反而会扩大矛盾冲突。

在我们的生活和工作中，并不是所有问题都值得去讨论，也不是任何话题都可以拿出来讨论。在有些情况下，因为个人的性格、兴趣和偏好不同，对问题的看法也不相同。这时如果去引发一场讨论，那一定没有任何结果，也毫无意义，这样做只能是浪费时间。确实非争不可时，也要适可而止，见好就收，如果一意孤行，争论到底，不会有什么好结果。

人人都有自尊心和好胜心，在生活中，大部分人一旦陷于争斗的旋涡中，便会不由自主地焦躁起来，有时为了自己的利益，甚至是为了面子，也要强词夺理，一争高下。一旦自己得了理，便决不饶人，非逼得对方鸣金收兵或自认倒霉不可。然而这次得理不饶人虽然让你吹响了胜利的号角，但也成了下次争斗的前奏。因为这对"战败"的一方来说也是一种面子和利益之争，他当然要伺机讨还。其实，在这种时候，对一些非原则性的问题，我们何不主动显示出自己比他人更有容人之雅量呢！所以说，得理也让三分，是一种做人做事的大智慧，谁能做到这一点，谁就能少些麻烦，多些顺畅。

不要乱开玩笑，否则会惹人反感

常言道：笑一笑，十年少。和朋友谈话时，开个得体的玩笑，相互取乐，说话不受拘束，原是一件让人高兴的事，不但可以放松身心，活跃气氛，还能够创造出一个轻松愉快的环境。不过有些人却自以为聪明，随意开玩笑，从而使朋友不快。

几个男女朋友在一起聊天，一位身材苗条的男同伴喜欢开玩笑，他一时心血来潮，想要制造一个笑话，逗大家乐一乐。他便指着旁边一个特别胖的姑娘说："你可越长越苗条了，可惜我们中国还没有相扑运动，不然，你准是一号种子选手！"

他的话逗得大家哈哈大笑。可是这位姑娘正为自己不断发胖而苦恼，朋友当着大伙的面拿自己开心，她脸上挂不住了，感觉自己的自尊心被严重践踏，岂能忍受？她立即翻脸说："我胖怎么了，没吃你的没喝你的，你操哪门子心！你也不照照镜子瞧瞧自己，瘦得像根芦柴棒！"说完便独自走了。

从上面的事例可以看出，玩笑是分场合、分对象的，不能胡乱调侃，一定要掌握好度。否则，你的玩笑就有可能会变成嘲笑。因此在与他人开玩笑时，一定要讲究分寸。

那么开玩笑时应注意什么呢？

1.莫板着脸开玩笑

幽默的最高境界，往往是幽默大师自己不笑，把别人逗得前俯后仰。

如果你达不到这种境界，那你就不要板着面孔与别人开玩笑，免得引起不必要的误会。

2.开玩笑要看时间

俗话说："人逢喜事精神爽。"开玩笑，最好选择在对方心情舒畅时，或者当对方因小事生气时，通过开玩笑把对方的情绪扭转过来。

3.开玩笑要分清对象

俗话说："人上一百，形形色色。"开玩笑之前，你先要注意你所面对的对象是否能受得起你的玩笑。同样一个玩笑，能对甲开，不一定能对乙开。人的身份、性格、心情不同，对玩笑的承受能力也不同。

一般来说，后辈不宜同前辈开玩笑，下级不宜同上级开玩笑，男性不宜同女性开玩笑。

在同辈人之间开玩笑，则要掌握对方的性格情绪信息。对方性格外向，能宽容忍耐，玩笑稍微大些也能得到谅解。对方性格内向，喜欢琢磨言外之意，开玩笑就应该慎重。对方尽管平时生性开朗，但正好碰上不愉快或伤心事，就不能随便与之开玩笑。相反，对方性格内向，但正好喜事临门，此时与他开个玩笑，效果会出乎意料地好。

4.不要拿别人的缺点或不足开玩笑

一定不要拿别人的缺点或不足开玩笑。如果你随意取笑别人的缺点，容易让对方觉得你是在冷嘲热讽。如果对方是个比较敏感的人，则你一句无心的话就可能触怒对方，使彼此的关系变得紧张。一定要注意，这种玩笑话一旦说出去，就无法收回，也无法郑重地解释。到那个时候，再后悔也来不及了。要记住群居守口，不要祸从口出，否则你后悔莫及。

开玩笑是生活的一支润滑剂，它能让人身心愉悦，让人忘记疲劳，也是增进人与人情感的一种方式，但一定要记住：开玩笑要看玩笑对象、时间、场合环境和玩笑的内容，开玩笑一定要把握分寸，这个度把握好了，相信你也一定会是个大家都喜欢的人。

提高说话质量，尽量通俗易懂

通俗易懂地说话或者把话说得通俗易懂，是提升说话质量的重要途径，也只有如此才能达到说话的目的。如果你说的话别人都不能很好地理解或者不能记住，那你所说的就起不到任何作用了。

有一个秀才去买柴，他对卖柴的人说："荷薪者过来！"卖柴的人听不懂"荷薪者"（担柴的人）三个字，但是听得懂"过来"两个字，于是把柴担到秀才前面。

秀才问他："其价如何？"卖柴的人听不太懂这句话，但是听得懂"价"这个字，于是就告诉秀才价钱。

秀才接着说："外实而内虚，烟多而焰少，请损之（你的木材外表是干的，里头却是湿的，燃烧起来，浓烟多而火焰小，请减些价钱吧）。"卖柴的人因为听不懂秀才的话，于是担着柴就走了。

故事中秀才的生活环境和文化修养显然与卖柴人有很大的差异，而秀才在和卖柴人沟通的时候，却用了很多书面语言，这些语言完全与卖柴人的语言环境没有交集，因此，秀才每讲一句话都会让卖柴人费解半天，所以最后，双方的交易无果而终也就是理所当然的事了。

现实生活中，我们也会遇到这样的事情。表达不清楚，语言不明白，对方听不懂你说的话，从而产生沟通障碍。

有一个采购员受命为办公大楼采购大批的办公用品，结果在实际工

作中碰到了一种过去从未想到的情况。首先使他大开眼界的是一个销售信件分报箱的营销员。这个采购员向他介绍了他们每天可能收到的信件的大概数量，并对信箱提出了一些要求，这个营销员听后，考虑片刻，便认定这个采购员最需要他们的CSI。

"什么是CSI？"采购员问。

"怎么？"他的语调里夹着几分蔑视，"这就是你们所需要的信箱。"

"它是纸板做的，金属做的，还是木头做的？"采购员问。

"噢，如果你们想用金属的，那就需要我们的FDX，可以为每一个FDX配上两个NCO。"

"我们有些打印件的信封会相当的长。"采购员说。

"那样的话，你们便需要用配有两个NCO的FDX转发普通信件，而用配有RIP的PLI转发打印件。"

这时采购员稍稍平复了一下心中的怒火，"小伙子，你的话让我听起来十分荒唐。我要买的是办公用品，不是字母。如果你说的是希腊语、亚美尼亚语或英语，我们的翻译或许还能听出点门道，还能弄清楚你们的产品的材料、规格、使用方法、容量、颜色和价格。"

"噢，"他开口说道，"我说的都是我们的产品序号。"

最后这个采购员运用律师盘问当事人的技巧，费了九牛二虎之力才慢慢从他嘴里搞明白他的各种信箱的规格、容量、材料、颜色和价格。

在沟通中，很多人也许因为习惯，也许因为想让别人觉得自己有才华，而过多地运用了一些专业术语。在听的人看来，他们不知道你在说什么，听不懂你的意思，就很容易让沟通陷入僵局。所以，如果我们一定要说一些专业术语，可以用简单的话语来进行转换，或者在专业术语后面加上解释，让人听得明明白白的，才会达到有效沟通的目的。这也是值得我们特别注意的一点。

　　通俗易懂的语言最容易被大众所接受。无论你的话多么动听、内容多么重要，沟通最起码的原则是对方能听得懂你的话。所以，在与人沟通的过程中，我们要多用通俗化的语句，要让对方听得懂。如果对方听不懂你的方言，你要尽量用普通话；对方不明白你讲的术语或名词时，要转换成对方熟悉的、理解的语言来沟通。

不要与人进行不必要的争论

　　生活中，很多人喜欢争辩，对一个问题、一个观点，争得脸红脖子粗，大有针尖对麦芒之势。或许一时争论的胜利，会让你觉得占了上风，但实际上你还是没有达到目的。为什么？如果你的胜利使对方的论点被攻击得千疮百孔，证明他一无是处，那又怎么样？你会觉得扬扬得意，但对方呢？他会自惭形秽，你伤了他的自尊，他会怨恨你的胜利。而且他虽然口服，但心里并不服。因此，争论是要不得的，甚至连最不露痕迹的争论也要不得。如果你老是抬杠、反驳，即使偶尔获得胜利，也永远得不到对方的尊重。所以，真正赢得胜利的方法不是争论，而是不要争论。

　　有一天晚上，卡尔参加一次宴会。宴席中，坐在卡尔右边的一位先生讲了一段幽默笑话，并引用了一句话，意思是"谋事在人，成事在天"。

　　他说那句话出自《圣经》，但他错了。卡尔知道正确的出处，并且十分肯定。

　　为了表现出优越感，卡尔很讨嫌地纠正他。那人立刻反唇相讥："什么？出自莎士比亚？不可能，绝对不可能！那句话出自《圣

经》。"他十分确定地说。

那位先生坐在右手边，卡尔的老朋友弗兰克·格蒙在他左手边，他研究莎士比亚的著作已有多年。于是，他们俩都同意向格蒙请教。格蒙听了，在桌下踢了卡尔一下，然后说："卡尔，这位先生没说错，《圣经》里有这句话。"

那晚回家路上，卡尔对格蒙说："弗兰克，你明明知道那句话出自莎士比亚。"

"是的，当然，"他回答，"《哈姆雷特》第五幕第二场。可是亲爱的卡尔，我们是宴会上的客人，为什么要证明他错了？那样会使他喜欢你吗？为什么不给他留点面子？他并没问你的意见啊！他不需要你的意见，为什么要跟他抬杠？我们应该避免这些毫无意义的争论。"

人生之中，何必事事都要去争论，以赢取那无谓的胜利呢？但在时下这个喧嚣的社会，有太多人愿意参与到这样无休止的争论中去，发表一些自以为是的观点，可结果呢，也许一辈子也没有结果。更重要的是，这样做对你毫无意义，不但对人生没有任何助益，还为自己树立了敌人。正如睿智的本杰明·富兰克林所说的："如果你老是争辩、反驳，也许偶尔能获胜；但那是空洞的胜利，因为你永远得不到对方的好感。"

是的，永远不要与人进行无意义的争辩，那只会引起别人的反感。如果你与人争辩的动机，是想要证明自己是对的、为自己辩白或赢得听众的信服，那么你的行为太自私了，永远不会得到别人的欢迎。

所以，在你与人争辩前，不妨先考虑一下，你到底要什么？是毫无意义的表面胜利，还是对方的好感。

古语说："用争夺的方法，你永远得不到满足，但用让步的方法，你可能得到的比你期望的更多。"聪明人明白，避免争论能得到更大的利益。

把话说到点子上，不要喋喋不休

在人际交往中，你是否会有这样的感觉，当你和一个人说话时，你总是会觉得对方没有在听你说话或是听得一头雾水。这说明你说话没有说到点子上，只有把话说到关键处，说到位，对方才会感受到你说话的分量，才会对你所说的话有所反应和关注。

讲话讲到点子上，不是一件容易的事。因为把一项任务、一件事情、一个问题用最简洁、最精练的话说出来，没有严谨的逻辑、清晰的思路，是难以做到的。

说话说到点子上，就是要言简意赅，即主题突出、准确、透彻、明了，"一针见血"，"一语中的"。要达到什么目的，说明什么问题，表扬或批评什么人和事，表达什么样的感情，要求别人做什么、不做什么，都要讲得清清楚楚、明明白白，不能让听众听了如堕五里雾中或丈二和尚摸不着头脑。

专门从事将新设计的草图卖给服装设计师和生产商这一工作的维森先生，最近遇到了一个麻烦。他想要推销商品的对象似乎是一个软硬不吃的服装设计师，名字叫作华尔。他之前从没有遇到过这么难缠的顾客，但是，为了证明自己的实力，而且这笔业务确实能给自己带来不菲的收入，维森先生决定不达目的决不善罢甘休。他一次又一次地出现在那位服装设计师面前，向他谈及这份草图的设计多么的出色，而且款式新颖、典雅大方。他希望用自己的诚心来证明这份草图的设计确实是出色的，但是，收效甚微。一天，当他再次出现在华尔

面前的时候，华尔终于忍不住说：

"亲爱的维森，我还是不能赞同你的观点，所以，我仍然决定不买你的草图。还有，恕我直言，我觉得你这种喋喋不休的推销方式实在是很失败，而且我一直很反感。"

当维森在听到华尔说自己喋喋不休的推销方式令对方很反感时，维森深受打击，因为他一直以来就是这么推销的。但是他告诉自己，不能放弃，算起来他已经来过150次了。于是，他决定改变一下他的策略。

第二天，他夹着几张还没设计完的草图，对华尔说："华尔，我想请您帮个忙。我这里有几张草图，您能不能修改一下，以使它们符合要求？"

华尔狐疑地看了维森一眼，说："你放在这里吧，有时间我会看的。"

三天后，华尔打电话叫维森过去，他已经完成了修改。结果可以预料，通过这个方法，维森已经成功地使华尔购买了这些草图，因为这些东西里有华尔自己的心血。

很明显，维森后来的方法是十分有效的，当然在这里并不是要向大家说他高超的推销方式，而是从中我们可以看到：喋喋不休确实不是好的方法。

美国总统哈里·杜鲁门一生中最推崇简洁的语言，他曾说过："如果一个字能说明问题就别用两个字。"所以，最会说话的人不是口若悬河、滔滔不绝的雄辩之士，而是那些善于把话说到点子上的人。这样的人才是真正懂得语言技巧的人，他们懂得用最简单的语言把意思表达到位，懂得在最短的时间内把话说到点子上。

简洁能使人愉快，使人易于接受。说话冗长累赘，会使人茫然，使人厌烦，而你则会达不到目的。简洁明了的语言，一定会使你事半功倍。所以，我们在说话的时候，要用最凝练的话语来表达尽可能丰富的意思。

在第二次世界大战期间美国人担心日本夜间空袭，于是政府部门颁布了灯火管制命令：务必做好准备工作。凡因内部或外部照明而显示能见度的所有联邦政府大楼和所有联邦政府使用的非联邦政府大楼，在日军夜间空袭时都应变成漆黑一片。可通过遮盖灯火结构或终止照明的办法实现这种黑暗。

当富兰克林·罗斯福获悉这项指令后，他换成了自己的命令："要求他们在房屋里工作时必须遮上窗户；不工作时，必须关掉电灯。"

哪一种说法听起来更有说服力呢？第一个命令废话连篇，给听者增加了理解的负担，只有在删掉那些官样文字后才能明白这条命令。罗斯福的话简短明了，并以谈话的方式表达。更妙的是，罗斯福让活生生的人参与具体的工作中，通过这种方式使这条命令更加具有活力。

有句话说得好："吹笛要按到眼儿上，敲鼓要敲到点儿上。"会说话的人，往往会给听者提供大量的思想火花。很多时候，话并不在于字的多少，而在于准确度与精确度如何。如果你能句句说到点子上，句句说到人心坎里，那么你的语言自然就会出彩。

满嘴跑火车，词不达意，说得再多也无济于事，反倒让人生厌。话不在多而在精，一个会说话的人，往往语言精练，句句都说到别人心里；不会说话的人，总是语无伦次，话说不到点子上。所以，话不在多而在精，精练的语言往往更能打动人心。

第三章 打动人心，把话说到人的心坎里

真诚最能打动人

人与人交往，贵在真诚。有诗云："功成理定何神速，速在推心置人腹。"只要你与人交流时能捧出一颗恳切至诚的心，一颗火热滚烫的心，怎能不赢得别人的信任呢？

当松下电器公司还是一家乡下小工厂时，作为领导，松下幸之助亲自出马推销产品。在碰到杀价高手时，他就坦诚地说："我的工厂是家小工厂。炎炎夏天，工人在炽热的铁板上加工制作产品。大家汗流浃背，却努力工作，好不容易制出了产品，依照正常的利润计算方法应当是每件××元承购。"对手一直盯着他的脸，听他叙述，听完之后开怀大笑说："卖方在讨价还价的时候，总会说出种种不同的话，但你说的很不一样，句句都在情理之上。好吧，我就照你说的买下来好了。"

松下幸之助的成功，在于其真诚的说话态度。唯有真诚之心才能打动人心，唯有以真诚之心对待他人，我们才能获得他人的信任，才能建立良好和谐的关系。

真诚，不论对说话者还是对听话者来说，都非常重要。若不真诚待人，等于欺人、愚人；若轻信他人不实之词，可能会耽误大事，造成严重后果。

有一个顾客问服装店的销售员："这件衣服我穿上怎么样？"

"不错，很好。"那位销售员回答道。

然后，顾客又试了一件裁剪样式全然不同的衣服："这件衣服呢？"顾客同样对这件衣服表现出极大兴趣。

于是，销售员附和道："也挺好的。"

很快，这位顾客就意识到了那位销售员的建议是没有价值的，这件衣服究竟看上去如何，合身与否，他是不会对自己说真话的，他唯一的目的就是把东西卖出去。当顾客明白了这一点的时候，生意自然就不会成交。

由此可见，取得顾客信任是买卖成交的一个关键环节，也是与客户沟通过程的第一个阶段，是整个过程的开始，是基础。我们只有取得顾客的信任，才能谈及成交与否。如果顾客不信任你，不信任你的商品，那么交易就不会成功。

说话的魅力并不在于你说得多么流畅，滔滔不绝，而在于你是否善于表达真诚。最能推销产品的人并不是口若悬河的人，而是善于表达真诚的人。当你用得体的话语表达出真诚时，你就赢得了对方的信任，就建立起了值得信赖的人际关系，对方也就可能由信赖你这个人而喜欢你说的话。

日本企业家小池先生出身贫寒，20岁时在一家机械公司担任销售员。有一段时间，他推销机械非常顺利，半个月内就达成了25单的业绩。

可是有一天，他突然发现自己所卖的这种机械，要比别家公司生

产的同性能机械贵了一些。

他想："如果让客户知道了，一定会以为我在欺骗他们，甚至可能会对我的信誉产生怀疑。"

深感不安的小池立即带着合约书和订单，逐家拜访客户，如实地向客户说明情况，并请客户重新考虑是否还要继续与自己合作。

这样的举动，使他的客户大受感动，不但没有人取消订单，反而为他带来了良好的商业信誉，大家都认为他是一个值得信赖且诚实的销售员。结果，25位客户中不但无人解约，反而这25位客户又替小池介绍了更多的新客户。

由此可见，真诚的人，能得到别人的信任。把你的真诚注入日常交流之中，把自己的心意传递给对方，当听者感受到你的诚意时，他才会打开心门，接收你讲的内容，彼此之间才能实现沟通和共鸣。

美国第十六任总统林肯曾经说过一句名言："你可以在所有的时候欺骗某些人，也可以在某些时候欺骗所有人，但你不可能在所有的时候欺骗所有的人。"这就是说，我们在与人交往的时候一定要真诚，如果说话只注重语言上的华丽而缺乏真情实感，那么，即使我们能暂时欺骗别人的耳朵，也永远无法欺骗别人的内心。所以说，我们要想打动对方，就必须先问问自己：我的心是真诚的吗？

见什么样的人，说什么样的话

俗话说得好："见什么人说什么话。"这是说话的一个技巧，也是一个原则。战国时期著名的思想家鬼谷子曾经精辟地总结与各种各样的人谈话的方法："与智者言依于博，与博者言依于辩，与辩者言依于要，与贵者言依于势，与富者言依于豪，与贫者言依于利，与贱者言依于谦，与勇者言依于敢，与愚者言依于锐……说人主者，必与之言奇，说人臣者，必与之言私。"因此，在与人交谈时，一定要对其情况做客观的了解。只有知己知彼才能针对不同的对手，采取不同的说话技巧。

有一条船航行至海上时，突然发生了意外。船长命令大副去叫乘客弃船。大副去了半天，结果却是悻悻而回。他说："他们都不愿意弃船，对不起，我实在没办法了。"

船长只好亲自到甲板上去。不一会儿，他便微笑着回来了，然后对大副说："他们都跳下去了，我们也走吧！"

大副很惊讶，于是问船长是怎么做到的。

船长说："我首先对那个英国人说：'作为绅士，你应该做出表率。'他就跳下去了。接着，我对法国人说：'这样子是很浪漫而且潇洒的。'于是他也跳了下去。然后，我板着脸对德国人说：'这是命令，你必须跳下去。'于是德国人也跳了下去。"

大副听了十分佩服，说道："太妙了，船长，那么美国人呢？"

船长回答："我说：'您是上了保险的，先生。'那人夹着皮包就跳下水去了。"

故事中讲述的可能并不是一件真实的事，但是却说明了一个道理——说话要因人而异，看人下菜碟。

射箭要看靶子，弹琴要看听众。生活中，每个人的身份、职业、经历、文化教养、思想、性格、处境、心情等都不相同，聪明的人要针对不同对象和对象的不同情况，采取不同的策略，用不同的言语表达，这样才能有效达到说话的目的。

生活中，人是各种各样的，他们的心理特点、脾气秉性、语言习惯也各不相同，由于这个缘故，决定了他们对语言信息的要求是不同的。所

以，在与人交谈时，聪明人不会用统一的说话方式来交流。与不同的对象谈话，就要采用不同的谈话方式，见什么人说什么话，到什么山头唱什么歌。

在日常说话中，我们要注意以下几点：

1．说话要根据文化知识的不同而有所差异

文化水平较高的人与文化水平相对较低的人说话，应尽量使用浅显易懂的语言，让对方能够听得明白。而与文化水平相对较高的人谈话，说话时则需要讲究一点语言的修饰，可适当地使用较为正式的谈话方式。

2．说话应根据说话人的身份地位而有所讲究

在一起谈话的人，往往会有身份、地位的差别，此时说话就不应太过随便，根据对方的身份、地位可适当地说出自己的见解。要三思后再开口，切忌直言不讳。

3．说话要根据双方关系的不同而有所区别

一般来说，说话人与听话人之间一般有平等、上下、亲疏等不同关系，所以话语的多少、话语的亲密程度都要有所区别，这样才能使得谈话人之间有轻松的谈话氛围。

适宜的场合说适宜的话

俗话说得好：到什么山，唱什么歌；在什么场合，说什么话。大多数政客都深谙此道，所以在政坛才能够左右逢源，大出风头。我们虽然不一定需要那么高的沟通技巧，但是，在适当的场合、对适当的人说适当的话的技巧还是非常有用的。否则，再好的话题、再优美的话语也收不到好的效果，有时甚至会适得其反。

有个年轻人长得眉清目秀，仪表不俗，可就是不会说话。

岳父去世，家人大恸。他以酒相慰，对内弟说："好事成双，再饮一杯。"朋友结婚，他前去祝贺。喜宴上，他慷慨陈词："凭咱哥俩的交情，下次你结婚时我还来喝酒。"满座人面面相觑，朋友哭笑不得。他却山吃海喝，浑然不觉。

因为这个年轻人说话太不合时宜，以后谁家有婚丧嫁娶的事情都不再欢迎他了。

　　人，总是在一定的时间、一定的地点、一定的条件下生活，在不同的场合，面对着不同的人、不同的事，从不同的目的出发，就应该说不同的话。如果不看场合，随心所欲，信口开河，想到什么就说什么，很多时候就会导致种种不良的后果。所以，说话的艺术首先强调的就是说话的场合。

说话要看场合，常见的有以下几种区分：

1．自己人场合和外边人场合

对自己人"关起门来讲话"，可以无话不谈，甚至可以说些放肆的话，什么事都好办。但是如果对外边的人讲话，要怀有戒心，"逢人只说三分话，未可全抛一片心"，办事嘛，通常是公事公办。

2．正式场合与非正式场合

这个区分是很重要的，正式场合说话就应该严肃认真，事先要有所准备，不能胡扯一气。非正式场合，便可随便一些，像聊家常一样，便于感情交流。现实生活中，有些人谈话味同嚼蜡，有人讲话俗不可耐，有些人说话文绉绉，就是没有把握好正式场合与非正式场合的界限。

3．庄重场合与随便场合

比如这句话"我特地跑来看你"，就显得很庄重；"我顺便过来看你"，就有点随随便便的意思，可以减轻对方负担。可是，在庄重的场合

说"我顺便来看你"就显得不够认真、严肃，会给听者的心里蒙上一层阴影。在平常的日子里，明明"顺便看你来了"偏偏说成是"特地看你来了"，有些小题大做，让对方感到紧张。

4.喜庆场合与悲痛场合

通常情况下，说话应和场合中的气氛相协调。在别人办喜事的时候，千万不要说悲伤的话；在人家悲痛的时候，你逗这个小孩玩，逗那个小孩玩，说些逗乐的话，甚至哼哼民歌小调，别人就会说你这个人太不懂事了。

总之，开口说话前，你要把交际对象、交际场合、交际时间等多种相关因素都考虑进去，想一想如何张口，选择最恰当的方式说话，使自己的谈吐既符合场合要求，又能使对象容易接受，从而最大限度地实现与交际对象的沟通。

讲究赞美的技巧，说得对方心里舒坦

马克·吐温说过，一句得体的称赞，能使他陶醉两个月。在生活中，几乎每个人都希望获得赞美。当一个人受到别人真诚的赞美时，就会产生积极的心理效应，如性格会变得活泼、热情、积极、乐观，愿意与人接近等。而我们则可以利用人们的这种心理，在谈话中多赞美对方，这样就能够收到比较好的效果。

有一位太太想聘用一位女佣，便打电话给那位女佣的前任雇主，询问了一些情况，得到的评语却是贬多于褒。

女佣到任的那一天，这位太太说："我打电话请教了你的前任雇主，她说你为人老实可靠，而且煮得一手好菜，唯一的缺点就是整理房间比较外行，老是把屋子弄得脏兮兮的。不过，我想她的话并非完全可信，我相信你一定会把家里打理得井井有条。"

事后，她们果然相处得很愉快，女佣真的把家里打扫得干干净净，而且工作非常勤奋。

赞美之所以对人的行为能产生深刻影响，是因为它满足了人的自尊心的需要。赞美是对个人自我行为的反馈，它能给人带来愉悦，给人以鼓励和信心，让人保持这种行为，继续努力。赞美也是一种有效的激励，可以激发和保持一个人的主动性和积极性。

莎士比亚曾经这样说过："赞美是照在人心灵上的阳光。没有阳光，我们就不能生长。"赞美作为一种与他人交往的技巧，其可谓具有神奇的魔力，它不但可以消除人与人之间的龃龉和怨恨，满足人的虚荣心，还可以轻易说服对方接受自己的观点，有时甚至足以改变一个人的一生。

赞美之于人心，如阳光之于万物。在我们的生活中，人人需要赞美，人人喜欢赞美。这不是虚荣心的表现，而是渴求上进，寻求理解、支持与鼓励的表现。父母经常赞美孩子，家庭气氛和睦、欢乐；领导经常赞美下级，职工的积极性、创造性不断被激发，被调动。爱听赞美，出于人的自尊需要，是一种正常的心理需要。经常听到真诚的赞美，有助于增强自尊心、自信心。

有的人吝惜赞美，很难赏赐别人一句赞美的话，他们不懂得，多正面引导，多表扬鼓励，是沟通的一种方式。予人以真诚的赞美，体现了对人的尊重、期望与信任，并有助于增进彼此间的了解和友谊，是协调人际关系的好方法。人人皆有可赞美之处，只不过长处、优点有大有小、有多有少、有隐有显罢了。只要你细心，就随时能发现别人身上可赞美的闪光点。

在生活中，如果你乐意而且懂得衷心地表扬他人，那么你就能够更好地激励周围的人，你的谈话也就能够达到预期的效果。

学会倾听，这是对他人最好的尊重

在当今这个浮躁的社会中，很多人对自己都缺乏耐心，更不用说耐心听别人讲话了。时间一久性情也变得急躁，对倾听显得腻烦，常常是还未等到对方把话说完，就予以否定，然后以十分武断的口气阐述自己的观点。这类人往往是想通过"短、平、快"的方式来解决问题，并展示自己雄辩的口才。但这样做，却往往得不到别人的认同，无法真正解决问题，也无法达到真正的沟通，更不要说建立彼此之间的友谊了。

美国汽车推销之王乔·吉拉德曾有一次深刻的体验。一次，某位名人来向他买车，他推荐了一种最好的车型给他。那人对车很满意，并掏出10000美元现钞，眼看就要成交了，对方却突然变卦而去。

乔·吉拉德为此事懊恼了一下午，百思不得其解。到了晚上11点他忍不住打电话给那人："您好！我是乔·吉拉德，今天下午我曾向您介绍过一部新车，眼看您就要买下了，为什么却突然走了？"

"喂，你知道现在是什么时候吗？"

"非常抱歉，我知道现在已经是晚上11点钟了，但是我检讨了一下午，实在想不出自己错在哪里了，因此特地打电话向您讨教。"

"真的吗？"

"肺腑之言。"

"很好！你是在用心听我说话吗？"

"非常用心。"

"可是今天下午你根本没有用心听我说话。就在签字之前，我提到我的吉米即将进入密歇根大学念医科，我还提到他的学科成绩、运动能力以及他将来的抱负，我以他为荣，但是你毫无反应。"

乔·吉拉德完全不记得对方曾说过这些事，因为他当时根本没有注意。乔·吉拉德认为那笔生意已经谈妥了，他不但无心听对方说什么，反而在听办公室内另一位推销员讲笑话。这件事让他领悟到了倾听的重要性，让他认识到如果不能自始至终倾听对方讲话的内容，认同客户的心理感受，可能就会失去自己的客户。

一个讲话者总希望他的听众听完他发表的意见，如果你对此漫不经心，或者毫不在乎，这就在一定程度上伤害了他的自尊心，他原来对你的好感也会顷刻化为乌有。如果你要在沟通中赢得他人的好感，那么你首先要做到的便是用心倾听。正如一位心理学家所说："以同情和理解的心情倾听别人的谈话，我认为这是维系人际关系，保持友谊的最有效的方法。"

在人际交往中，作为尊重他人的一种表现，倾听的作用是非常重要的。心理学研究表明，越是善于倾听他人意见的人，与他人关系就越融洽。因为倾听本身就是褒奖对方谈话的一种方式，你能耐心倾听对方的谈话，等于告诉对方你是一个值得我倾听你讲话的人。

人们都喜欢善于倾听的人，倾听是使人受欢迎的基本技巧。人们被倾听的需要，远远大于倾听别人的需要。倾听是心与心的交流。一位伟人曾经说过："喜欢倾听的民族，是一个智慧的民族；不喜欢倾听的民族，永远不会进步。"善于倾听的人，会有很多朋友。

语言是银，沉默是金

沉默是人们表达力量，并使自己处于主动地位的一种技巧。许多人经常利用沉默这一策略来击败对手。他们可以制造沉默，也有方法打破沉默。当然，沉默并不是简单地一味不说话，而是一种成竹在胸、沉着冷静的姿态，尤其在神态上表现出一种运筹帷幄、决胜千里的自信，以此来逼迫对方沉不住气，先亮出底牌，从而达到自己的目的。

某机关有一个女孩子，平日只是默默工作，并不多话，总是微笑着和人聊天。有一年，机关里来了一个好斗的女孩子，很多同事在她主动发起的攻击之下，不是辞职就是请调。最后，矛头终于指向了这个沉默寡言的女孩子。

某日，这位好斗的女孩子抓到了那位一贯沉默的女孩子的把柄，立刻点燃火药，噼里啪啦一阵，谁知那位女孩只是默默笑着，一句话也没说，只偶尔问一句："啊？"最后，好斗的那个主动鸣金收兵，但也已气得满脸通红，一句话也说不出来了。

过了半年，这位好斗的女孩子也自请他调。

为什么会有这样的结局呢？其实，那个沉默的女孩子听力不大好，理解别人的话有些困难，总是要慢半拍，当她仔细聆听你的话语并思索你话语的意思时，脸上又会出现无辜、茫然的表情。你对她发作那么久，那么卖力，她回你的却是这种表情和"啊？"的不解声，自然会斗不下去，鸣金收兵了。

这个故事说明了一个事实：沉默的力量是巨大的，面对沉默，所有的语言力量都消失了。

沉默是一种行之有效的交流手段，它和语言相比，更富有理性，更富有智慧，也更富有内涵。当你遭受到别人的无端指责和恶意诋毁的时候，你不妨保持一下沉默，因为，沉默不仅是金，沉默更是一种力量。当你保持沉默时，对方往往由于不知道你的底牌而感到无穷的压力，这时，他的意志也将会受到动摇甚至不战自溃；如果此时你进行了反抗和争辩，那么，你的愚昧行径必将给对方以可乘之机，这样一来，不但不会得到任何理想的结局，反而会使自己进一步陷入被动和尴尬的窘境，同时也会大大损害自己的完美形象。

沉默有时候胜过激烈的争论，它可给对方以有力的还击，同时也会尽显沉默者的大度与智慧。诗云："此时无声胜有声。"默默无言反而会使对方摸不着边际，使其慑服，老子说"大辩不言"也是这个道理。沉默不是退缩，也不是懦弱的表现，而是一种美德，是一种智慧。

第四章　懂点儿心理学，这样说服对方

以退为进，更能达到预期的目的

俗话说：狭路相逢勇者胜。我们在谈到说服时，更多地强调要把握主动权，控制局面。但是，有时候，一味地硬冲硬打未必是一种最好的方法，以退为进也是一种说服的策略。

以退为进策略是指以退让的姿态作为进取的阶梯，退是一种表面现象，由于在形式上采取了退让，对方便会从己方的退让中得到心理满足，不仅思想上会放松戒备，而且作为回报，对方也会满足己方的某些要求，而这些要求正是己方的真实目的。人际交往中的以退为进策略表现为先让一步，顺从对方，然后争取主动、反守为攻。

有一位中学老师接管了一个差班班主任的工作，正好赶上学校安排各班级学生参加平整操场的劳动。这个班的学生躲在阴凉处谁也不肯干活，老师怎么说都不起作用。后来这个老师想到一个以退为进的办法，他问学生们："我知道你们并不是怕干活，而是都很怕热吧？"学生们谁也不愿说自己懒惰，便七嘴八舌说，确实是因为天气太热了。老师说："既然是这样，我们就等太阳下山再干活，现在我

们可以痛痛快快地玩一玩。"学生一听就高兴了。老师为了使气氛更
热烈一些，还买了几十个雪糕让大家解暑。在说说笑笑的玩乐中，学
生被老师说服了，不等太阳落山就开始愉快地劳动了。

上例中的这位老师的确很聪明，他懂得为他的学生营造一个良好氛
围，让学生从心理上去接受他以及他的观点，最终成功达到说服目的。这
种以退为进的说服方式，是一种有效的说服策略。表面为退，实则以退待
进，通过退可以积蓄更大的进的力量，目的是为了更好地进。就像拉弓射
箭一样，先把弓弦向后拉，目的是为了把箭射得更远。

很多时候，面对打击或难题，不要以硬碰硬，巧妙地利用"以退为
进"寻找机会东山再起，退一步是为了进两步。这也是你说服能力的最佳
体现。

迂回说话，绕着弯子说服对方

在语言表达中，有的时候直来直去地说话并不能取得很好的效果，而
采取"迂回"的手段往往可以达到说话的最终目的。迂回之术不带刺，绕
了一个弯后，不仅让人听明白了是怎么回事，最重要的是，能让人们愉快
地接受。这就要求我们在步入正题前，需要先来点铺垫，做些迂回，然后
再一步一步导入中心，这样才会收到良好的效果。

美国有个倒卖香烟的商人到法国做生意。有一天，他来到巴黎
的一个集市的台子上滔滔不绝地大谈抽烟的好处。这个时候，突然从

听众中走出来一位老人，连声招呼也不打，就走到台上非要讲一讲不可。那位商人毫无准备，不禁吃了一惊。

这个老人在台上站定后，便大声说道："女士们，先生们，对于抽烟的好处，除了这位先生讲的以外，还有三大好处哩！我不妨讲给大家听听。"

这位美国商人听到老人说的这话，马上转惊为喜，连忙向老人道谢："谢谢您了，老先生。我看您的相貌不凡，说话动听，肯定是位学识渊博的老人，请您把抽烟的三大好处当众讲讲吧！"

老人当时冲他微微一笑，便站着讲起来："第一，狗见到抽烟的人就害怕，就逃跑。"台下的人很是莫名其妙，商人则暗暗高兴。"第二，小偷不敢到抽烟人家里去偷东西。"台下的人连连称怪，商人则喜形于色。"第三，抽烟者永远年轻。"台下的人一片轰动，商人则满面春风，得意扬扬。

商人激动地赶紧与老人握了个手，说："女士们，先生们，请安静，我还没说清楚为啥会有这样三大好处呢！"商人格外高兴地说："老先生，请您快讲呀！""第一，在抽烟的人中驼背的多，狗一看到他们以为他们要拾石头打它哩，它能不害怕吗？"台下的人发出了笑声，商人则吓了一跳。"第二，抽烟的人夜里爱咳嗽，小偷以为他没有睡着，所以不敢去偷东西。"台下的人一阵大笑，商人则大汗直冒。"第三，抽烟的人很少有长寿的，所以永远年轻。"台下的人一片哗然。

在这里，那位老人表面上说的是香烟的好处，实则是说它的坏处，他运用的其实就是迂回的方式，而正是这种委婉的方式让人们明白了抽烟的坏处，假如老人只是直白地说出抽烟的坏处，恐怕不会使人信服。可见，在说服他人时，这点迂回术确实是比较灵的。

迁回地表达反对性意见，可避免直接的冲撞，减少摩擦，使对方更愿意考虑你的观点，而不被情绪所左右。所以，如果你想说服他人，不仅要真诚相待，还要善于动脑，讲究一点谈话的艺术，尤其是当对方固执己见，谁去劝说他都不理不睬，泼水不进的时候，巧妙的办法就是避其锋芒，以迂为直。

诚然，直来直去的讲话固然会给人留下真诚、爽朗的印象，但是如果不分情景、不分场合，一味地"直言以告"，这些不适当的"直言"就会形成一种消极的暗示，产生负面效果：不是使人感到抵触、厌倦，就是加重别人的心理负担。结果你非但没有说动别人，反而会损害和谐的人际关系，给自己造成不必要的麻烦。因此，必要的时候，我们要学会使用迂回的说话策略。迂回着说话可以把一些不利的因素避开，把"词锋"隐遁，或把"棱角"磨圆，这样更便于听者接受。在使用迂回的说话策略时，可以故意说些与本意相关或相似的事物，来烘托本来要直说的意思，这就是我们通常所说的"曲径通幽"。有时候为了说动别人，达到自己的目的，就必须要把直话迂回着说。

总之，迂回说服不会得罪人，是说服他人的最好方式之一。所以，在说服过程中，要认真体会语言的敏感程度，最好能把话说得委婉动听，这样，既达到了目的，又不至于使双方都难堪。

制造心理共鸣，让他自觉地认同你

有时候，你把话说得再正确，哪怕说的是绝对的真理，但如果引不起共鸣，得不到认可，也等于空话。所以，如果你想使对方对你的讲话表示赞同，你首先要使对方相信你，相信你是他最好的最忠诚的朋友，这是把

你的意见转达给他的一条正路。只要有一天你能够做到这一点，那么你就很容易在发言中引起对方的共鸣。

林肯在伊利诺伊州南部发表演讲，当时该处人民野蛮异常，在公共场所也要携带利刃和手枪。他们对于反对奴隶制度的人们非常愤恨，有如他们爱饮威士忌酒和好斗一样。因此对林肯的演讲，他们和那些从肯塔基州和密苏里州两地渡河而来的畜养黑奴的奴隶主们一同预备来捣一下乱。他们立下誓言：说林肯如在当地演讲，他们就立刻把这个主张解放黑奴的人驱逐出场，并把他置于死地。

这些恐吓林肯早已听到了，同时他也知道这种紧张的形势对他是十分危险的，但是他却说："只要他们肯给我一个略说几句话的机会，我们就可以热烈地握手。"他那篇精彩的演讲广为流传：

"伊利诺伊州的同乡们，肯塔基州的同乡们，密苏里州的同乡们，听说在场的人群中有些人要为难我，我实在不明白为什么要这样做。因为我也是一个和你们一样爽直的平民，那我为什么不能和你们一样有发表意见的权利呢？好朋友们，我并不是来干涉你们的人，我也是你们中间的一员。我生于肯塔基州，长于伊利诺伊州，正和你们一样是从艰苦的环境中挣扎出来的。我认识南伊利诺伊州的人和肯塔基州的人，也想认识密苏里州的人；因为我是他们中的一员，而他们也应该认识我比较多一些。他们如果真的认识我了，他们就会知道我并不会做一些对他们不利的事情。同时他们也绝不会再想对我做不利的事了。同乡们，请不要做这样的愚蠢的事，让我们大家以朋友的身份来交往。我立志做一个世界上最谦和的人。绝不会去损害任何人，也绝不会干涉任何人。我现在诚恳地请求你们允许我说几句话，并请你们静心细听。你们是勇敢而豪爽的，这一点是不可否认的。现在让我们诚恳地讨论这个严重的问题……"

林肯当时说话的时候，面部的表情十分和善，声音也十分恳切，所以这婉转而妥善的演讲的开头，竟把将起的狂涛止息了，把敌对的仇恨平息了。大部分的人都变成了他的朋友，大部分的人都对他的演讲大声喝彩。

为什么会出现这样的结果，原因是林肯在演讲时给听众制造了一种心灵上的共鸣——我也是你们其中一员，借此消除了大家的敌意，甚至还得到了大家的拥护。

其实，人与人之间，很难一开始就产生共鸣，所以必须先诱发对方与你交谈的兴趣，再经过一番深刻的对谈，才能让彼此更加了解。当你尝试说服他人，或对他人有所请求时，也同样适用。你不妨先避开对方的忌讳，从对方感兴趣的话题谈起，并且不要太早暴露自己的意图，等对方一步步赞同你的想法后，他们便不自觉地认同了你的观点。

利用权威效应，使对方坚信不疑

心理学上有一个权威效应，又称为权威暗示效应，是指一个人要是地位高，有威信，受人敬重，那他所说的话及所做的事就容易引起别人重视，并容易让别人相信其正确性，即"人微言轻、人贵言重"。

有心理学家曾做过这样一个实验，充分证明了权威效应。心理学教授在给一所大学心理学系的学生上课时，向学生介绍了一位从外校请来的俄语教师，说这位俄语教师是从俄罗斯来的著名化学家。在

试验中，这位"化学家"煞有介事地拿出了一个装有蒸馏水的瓶子，说这是他新发现的一种化学物质，有些气味，请在座的学生闻到气味时就举手，结果大多数学生都举起了手。对于本来没有气味的蒸馏水，由于这位"权威"的心理学家的语言暗示，多数学生都认为它有气味。

这正是权威效应的奥妙所在。有人群的地方总会有权威，人们对权威普遍怀有尊崇之情，人们对权威的深信不疑和无条件遵从，会使权威形成一种强大的影响力，利用这种权威效应则可以在很大程度上影响和改变人们的行为。

举世闻名的航海家麦哲伦正是因为得到了西班牙国王卡洛斯一世的大力支持，才完成了环球一周的壮举，从而证明了地球是圆的，改变了人们一直以来天圆地方的观念。麦哲伦是怎样说服国王赞助并支持自己的航海事业的呢？原来，麦哲伦请了著名地理学家路易·帕雷伊洛和自己一块儿去劝说国王。

那个时候，因为受哥伦布航海成功的影响，很多骗子都觉得有机可乘，于是就都想打着航海的招牌，来骗取皇室的信任，从而骗取金钱，因此国王对一般的所谓航海家都持怀疑态度。但和麦哲伦同行的帕雷伊洛却久负盛名，是人们公认的地理学界的权威，国王不但尊重他，而且非常信任他。

帕雷伊洛给国王历数了麦哲伦环球航海的必要性与各种好处，让国王心悦诚服地支持了麦哲伦的航海计划。正是因为相信权威的地理学家，国王才相信了麦哲伦，正是因为权威的作用，才促成了这一举世闻名的成就。

事实上，在麦哲伦的环球航海结束之后，人们发现，那时帕雷伊洛对世界地理的某些认识是不全面甚至是错的，得出的某些计算结果也与事实有偏差。不过，这一切都无关紧要，国王正是因为权威暗示效应——认为专家的观点不会错——从而阴差阳错地成就了麦哲伦环绕地球航行的伟大成功。

权威效应是一种可以诱导他人心理的心理暗示，也是一种最常见的说服技巧。在人际交往中，适当利用权威效应，可以使人们更加支持和相信自己的行动和看法，达到引导或改变对方的态度和行为的目的。

巧用激将，让对方就范

俗话说："劝将不如激将。""激将法"就是利用人们的自尊心和逆反心理，从相反的角度刺激对方不服气的情绪，使其产生一种发愤进取的内驱力；如此一来，就能把对方的潜能充分激发出来，达到其他劝说方法不能达到的效果。

人的行为，不仅受理智的支配，也受感情的驱使，激将法就是利用某些语言使别人放弃理智，凭一时感情冲动行事。所以，激将法最适合在那些经验较少，容易感情用事的对象身上使用。

小王是一个很有能力的年轻人，但平时工作却不怎么认真。老板就对他说："小王，这项工作只能交给你了，我知道你平时工作不是很出色，但是没办法，公司现在实在没人手，我希望你能尽心尽力地完成它。"听完这话后，小王很不舒服，甚至有些不服气，心里想：

凭什么说我工作不出色？我要让你看看我的能力！就这样他把怒气转化为工作的动力，全心全意地去工作。

某公司改革用人制度，决定对中层干部张榜招贤。榜贴出后，大家都看好能力技术俱佳的技术员小陶。然而，由于某种原因，小陶正在犹豫。公司总经理找到他，直言相激："小陶，你不是大学的高才生吗？我以为你挺有出息的，没有想到你连个部门经理的位子都不敢接，我以前高看你了！你就是个庸才！"

"我是庸才？"话音未落小陶就跳了起来，说，"我非干出个样儿来不可。"他当场揭榜出任了部门经理。

这是使用激将法的两个典型的例子，抓住被激励者的心理，狠狠地泼他一盆冷水，打击一下他，这样他会迸发出更多的力量。

"劝将不如激将"，意在说明在某些特定的环境和条件下，若需激起某人的斗志，与其苦口婆心地正面劝说，不如故意给其刺激和贬低，从而激发其自尊心、自信心，使其获得重新振作的可能。需要注意的是，激将法并不是简单地讽刺或者挖苦对方，而是要"别有用心"地使用刺激性语言来激发对方的斗志和勇气，从而达到激将的目的。

利用"自己人效应"说服他人

在日常生活中，如果两个人关系良好，一个人就更容易接受另一个人的某些观点、立场，甚至对对方提出的强人所难的要求，也不太容易拒绝。这在心理学上叫作"自己人效应"。例如，同样一个观点，如果是自己喜欢的人说的，接受起来就比较快和容易。如果是自己讨厌的人说的，就可能本能地加以抵制。

在人际交往中，如果你想做一个说服高手，就要善于运用"自己人效应"。运用"自己人效应"，从自己这个角度而言，就是要使交往的对方确认你是他的"自己人"。林肯曾经讲过：一滴蜜比一加仑（1加仑约合4.5升）胆汁能捕到更多的苍蝇，人心也是如此。假如你要别人同意你的原则，就应先成为，并且使他相信你是他的忠实朋友，即"自己人"。用一滴蜜去赢得他的心，你就能使他走在理智的大道上。

一家工厂面向社会招聘厂长，一位四十多岁的女士获得了大家的一致好评，最后胜出。在面试时，她是这样表现的。

问："你是个外行，靠什么治厂，怎样调动起大家的积极性？"

答："论管理企业我并不认为自己是外行，何况我们厂还有那么多懂管理的干部和技术高超的老工人，有许多朝气蓬勃、勇于上进的年轻人。我上任后，把老师傅请回来，把年轻人的工作、学习和生活安排好，让每个人都干得有劲，玩得舒畅，把工厂当成自己的家。"

问："咱们厂不景气，去年一年没发奖金，我要求调走，你上任后能放我走吗？"

答："你要求调走，是因为工厂办得不好，如果把工厂办好了，我相信你就不走了。如果你选我当厂长，我先请你留下，看半年后厂子有无起色再说。"

话音刚落，全场立即掌声四起。

问："现在正议论机构和人员精减，你来了以后要减多少人？"

答："调整干部结构是大势所趋，现在科室的干部显得人多，原因是事少，如果事情多了，人手就不够了。我来以后，第一目的不是减人，而是扩大业务、发展事业……"

问："我是一名女工，现在怀孕七个多月了，还让我在车间里站着干活，你说这合理吗？"

答："我也是女人，也怀孕生过孩子，知道哪个合理，哪个不合理，合理的要坚持，不合理的一定改正。"

女工们立即活跃了起来。有的激动地说："我们大多是女工，真需要一位体贴、关心我们疾苦的厂长啊！"

上例中，女厂长在对待员工的情感态度上，不是把员工当作管制的对象，也不是将其当作批评的对象，更不是当敌人来看待，而是把员工当成自己人，使双方心理距离拉近，进而使双方产生心理吸引、情感共鸣，从而达到一点即通、一言即悟的境界。所以与人相处的过程中，要想取得对方的信赖，就要先和对方缩短心理距离，这样才能提高你的人际影响力。

管理心理学中有句名言："如果你想要人们相信你是对的，并按照你的意见行事，那就首先需要人们喜欢你，否则，你的尝试最终会失败。"所以，如果要说服别人按照你的建议去做，只是向人们提出好建议是远远不够的，还要强化和发挥"自己人效应"，让人们喜欢你，避免好的建议遭到拒绝，达到说服的目的。

第五章 能说会道，不同场合的说话术

利用出众的口才，让领导认同自己

说话是一门技巧，更是一门艺术。掌握说话的艺术，说领导愿意听的话，你才能在工作中左右逢源，如鱼得水，无往不利。在职场中，是否能说，是否会说，以及与言谈相关知识的多寡，直接影响着一个人的成败。要想在短暂的时间内，与领导达到心灵上的共鸣，让领导一下子喜欢上你，就一定要一语勾心，迅速形成和领导之间融洽、热烈的交谈局面，利用出众的口才，让领导认同自己。

人与人之间沟通，尤其是与领导沟通，表达的方式方法很重要。俗话说"一句话说得让人跳，一句话说得让人笑"，嘴上的功夫看似雕虫小技，有时却能改变一个人的命运。同样一个目的，用不同的方式表达，所达到的效果也会大不一样。

年底，某公司业绩明显，为了奖励销售部，公司领导决定让销售部去海南旅游15天，但只有5个名额，这下，销售部王主管觉得犯难了，因为公司有7个销售员，如果剩下两个人没有去，那两个人肯定会有意见的。于是他决定再向上级领导申请两个名额。

"总经理，我们部门7个人都想去海南，可只有5个名额，剩余的两个人会有意见，再给两个名额可以吗？"王主管申请道。

总经理不耐烦地说："筛选一下不就完了吗？公司拿出5个名额的消费就已经不少了，你们怎么不多为公司考虑？你们呀，就是得寸进尺，不让你们去旅游就好了，谁都没意见。我看这样吧，你们其中有两个主管姿态高一点，下一回再去，这样，问题不就得到解决了吗？"

王主管无功而返。销售部的士气一下子低落下来。

为了鼓舞士气，另一名主管小李又跑去恳求经理："总经理，大家今天听说去旅游，非常高兴，觉得公司越来越重视员工了，员工们真是太感动了。李总，这事是你们突然给大家的惊喜，不知道当初是怎样想出这个好办法的呢？"

总经理说："真的是想给大家一个惊喜，这一年公司效益不错是大家的功劳，考虑到大家辛苦一年，第一，是该轻松轻松了；第二，放松后，工作起来才会有更高的效率；第三，是增加公司的凝聚力。大家高兴了，也就达到了我们的目的。"

小李见缝插针地说："也许是计划太好了，大家都在争这5个名额。"

总经理："当时决定5个名额是因为你们部门有几个人工作不够积极。你们评选一下，不够格的就不安排了，对他们来说，算是一个提醒吧。"

小李委婉地说："其实我也同意您的想法，有几个人与其他人比起来是不够积极，不过可能在生活中有一些影响他们的事，这与我们对他们缺乏了解，没有及时调整都有关系。责任在我，如果不让他们去，对他们打击会不会太大？如果这种消极因素传播开来，影响不太好吧！公司花了这么多钱，如果只是因为这两个名额而没有达到预期的效果，恐怕太可惜了。我知道公司里的每一笔开支都是精打细算的。如果公司能拿出两个名额的费用，让他们有所感悟，促进他们来年改进，那么他们给公司带来的利益要远远大于这部分支出的费用，不知道您认为怎么样？总经理，您能不能考虑一下我的建议？"

　　总经理听完，想了想说："那好吧，再给两个名额。"

　　事情就这样顺利地解决了。

　　说话的方式有很多种，方式无所谓好坏，却有适不适当之说。适当的话容易被接受，不适当的话自然就会被拒绝。很多时候，说话不在于说什么，而在于怎么说。会说话的人，根本不用赤膊上阵，不用立功请赏，也许就能打动领导，为自己扫除成功路上的障碍，从此平步青云。

　　在职场当中，不仅要会干，还要会说。说话的能力往往决定着一个人成就的大小，在当今社会，做一个会说话的人，往往受到别人的喜欢，不管是做人还是做事，说话的能力都是一个至关重要的因素。出色的口才不但能帮你施展才华，更会让你赢得领导的赞赏。看看身边那么多的职场达人，哪一个不是说话的高手、沟通的奇才？成功人士大多是聪明的说话者。正如卡耐基所言："80%的成功人士都是靠三寸之舌打天下。"这些成功人士正是依靠出众的口才而被领导认同，上得青睐，下得爱戴。

不断地肯定和赞扬你的下属

　　俗话说："良言一句三冬暖，恶语半句六月寒。"人人都喜欢听好话，都希望得到他人的肯定。美国著名女企业家玫琳·凯经理曾说过："世界上有两件东西比金钱和生命更为人们所需——认可与赞美。"

赞美是调动下属的积极性、激励下属工作热情，以实现工作目标的绝佳方法，在领导工作中具有非常重要的作用。洛克菲勒曾经说过："要想充分发挥员工的才能，就要不断赞美和鼓励员工。一个成功的管理者，应当学会如何真诚地去赞美他人，诱导他们去工作。我总是深恶挑别人的错，而从不吝惜说他人的好处。事实也证明，企业的任何一项成就，都是在被嘉奖的气氛下取得的。"

赞美是一种鼓励，是一种肯定，赞美可以让平凡的生活富有乐趣，赞美可以把不协调的声音变成美妙的音乐，赞美可以激发人们的自豪感与上进心。

玫琳·凯所经营的美容、化妆品公司在全世界都享有盛誉。在玫琳·凯所提倡的以人为本的管理方式中，就提到了"赞美和鼓励"的艺术。有一次，一个新跳槽来的业务员在跑营销屡遭失败后，对自己的营销技能几乎丧失了所有的信心。玫琳·凯得知此事后，找到这位业务员并对他说："听你前任老板提起你，说你是个很有闯劲的小伙子。他认为把你放走是他们公司的一个不小损失呢……"这一番话，把小伙子心头熄灭的希望之火又重新点燃了。果然，这位小伙子在冷静地对市场进行了研究分析后，终于为自己的营销工作打开了一个缺口，获得了成功。

其实玫琳·凯也许根本就没有与什么前任老板谈过话，但这一番鼓励和赞美之词却神奇地让这位业务员找回了自尊与丢失的信心。为了捍卫荣誉与尊严，他背水一战，做了最后的一搏，最终以再次的成功来增强自己的自信心。

赞美是一门艺术，恰当的赞美，能够调动员工的工作积极性，能够使彼此的关系更加和谐。对企业管理者来说，赞美员工是一笔小投资，但是它的回报却是非常丰厚的。管理者如果能学会赞美员工的技巧，掌握赞美别人的艺术，一定会获得意想不到的效果。

赞美是一件好事，但绝不是一件易事。管理者赞美下属时如不审时度势，不掌握一定的赞美技巧，即使你是真诚的，也会变好事为坏事。所以，管理者一定要掌握以下赞美技巧：

1. 赞美要及时

当员工做出了成绩，或者做了件有益于公司的好事时，最希望被人知道，及时得到人们的赞美，这不是虚荣心的表现，而是正常的心理活动。而且心理学表明，人们的这一期待心理是有时间期限的，得到的赞美越及时，人们越容易受到鼓舞。如果拖延数周，时过境迁，迟到的表扬就会失去原有的味道，再也不会令人兴奋与激动。所以，管理者要记着把你的赞美及时送达员工的心里，哪怕是下属有了一点小小的进步，也不要忘记及时赞扬他们。

2. 赞扬的态度要真诚

赞美下属必须真诚。每个人都珍视真心诚意，它是人际沟通中最重要的部分。英国专门研究社会关系的卡斯利博士曾说过："大多数人选择朋友都是以对方是否出于真诚而决定的。"所以在赞美下属时，你必须确认你赞美的人的确有此优点，并且有充分的理由去赞美他。避免空洞、刻板的公式化的夸奖，或不带任何感情的机械性话语，这样会令人有言不由衷之感。

3. 赞美下属的特性和工作结果

赞扬下属的特性，就是要避免共性；赞扬下属的工作结果，就是不要赞扬下属的工作过程。

作为管理者，在赞扬一位下属时，一定要注意赞扬这位下属所独自具有的那部分特性。如果管理者对某位下属的赞扬是所有下属都具有的能力或都能完成的事情，这种赞扬会让被赞扬的下属感到不自在，也会引起其

他下属的强烈反感。

与此类似，管理者要赞扬的是下属的工作结果，而不是工作过程。当一件工作彻底完成之后，管理者可以对这件工作的完成情况进行赞扬。但是，如果一件工作还没有完成，仅仅是你对下属的工作态度或工作方式感到满意，就进行赞扬，可能不会收到很好的效果。相反，这种基于工作过程的赞扬，还会增加下属的压力，进而还会让下属对管理者的赞扬产生某种条件反射式的反感。如此，管理者的赞扬也就容易弄巧成拙。

4. 赞美要具体

表扬员工时，要针对他的工作，而不是针对人，哪件事做得好，什么地方值得赞扬，说得具体些，才能使受夸奖者产生心理共鸣。比如"你刚才结尾的地方很有创意"。如此一来，员工便知道哪里做得好。倘若你进一步夸赞其内在特质："结尾做得很有创意，可见你是个很有创意的人。"就更能提升员工的心理满意度。相反，如果你对任何人都用一样的赞美之词，使用空洞、刻板的公式化的夸奖，或不带任何感情的机械性话语，那么时间久了，你的赞美之词就成了乏味的唠叨。

总而言之，赞美下属是一种不需要任何投资的激励方式。企业管理者千万不要吝啬自己的语言，真诚地去赞美每个人，这是促使人们正常交往和更加努力工作的最好方法。

与同事说话的语言技巧

职场中要想与同事建立良好的人际关系，沟通就变得很重要，而要做到相互沟通，除了互相帮助、相互谅解之外，得体恰当的语言也是关键。

很多争吵的发生，其根本原因就在于说话不得体，使对方误解，以致造成同事间的隔阂。

于娜是某公司的一名办公室文员，她性格内向，不太爱说话。可每当就某件事情征求她的意见时，她说出来的话总是很"刺"人，而且她的话总是在揭别人的短。

有回，自己部门的同事穿了件新衣服，别人都称赞"漂亮""合适"之类的话，可当人家问于娜感觉如何时，于娜直接回答说："你身材太胖，不适合。"甚至还说："这颜色你穿有点艳，根本不合适。"

这话一出口，便搞得当事人很生气，而且周围大赞衣服如何如何好的人也很尴尬。虽然有时于娜会为自己说出的话不招人喜欢而后悔，可即使这样，她照样说特让人接受不了的话。久而久之，同事们把她排除在集体之外了，很少就某件事儿去征求她的意见。

尽管这样，如果偶然需要听听她的意见时，她还是管不住自己，又把别人最不爱听的话给说出来了。

现在在公司里几乎没有人主动搭理她。于娜自然明白大家不搭理她的原因。

在与同事交往过程中，要讲究忌口，不能什么话都说，什么场合都说。如果言语毫无顾忌，只图一时之快，不讲方式方法，最终只会落得个惹人嫌的下场。

同事是工作伙伴，不是生活伴侣，你不可能要求他们像父母兄弟姐妹一样真正地包容你、体谅你，很多时候，同事之间最好保持一种平等、礼貌的伙伴关系，彼此心照不宣地遵守同一种游戏规则，一起把游戏进行到底。更多的时候，你需要去体谅别人，站在同事的角度替他们想一想，也

许更能理解为什么有些话不该说，有些事情不该让别人知道。所以与同事谈话必须要掌握好分寸，否则就会给你带来不必要的麻烦。

那么如何与同事相处呢？

1. 以诚待人

在同事之间要建立良好融洽的人际关系，必须学会沟通，得体恰当地说话，当你从一个环境转到一个新环境，初来乍到时更要谨慎，以免因说话不当，使对方误解，产生隔阂。初到公司，我们应当以诚待人，学会与同事进行寒暄，不自吹自擂，时刻保持谦虚友好的态度。

2. 闲谈时莫论人非

只要是人多的地方，就会有闲言碎语。有时，你可能会不小心成为"放话"的人；有时，你也可能是别人"攻击"的对象。这些背后闲谈，比如领导喜欢谁、谁最吃得开、谁又有绯闻，等等，就像噪声一样，影响人的工作情绪，聪明的你要懂得，该说的就勇敢地说，不该说的一定不能乱说。

3. 尊重同事

在人际交往中，自己待人的态度往往决定了别人对自己的态度，因此，你若想获取他人的好感和尊重，首先必须尊重他人。研究表明，每个人都有强烈的被尊敬的欲望。由此可知，爱面子的确是人们的一大共性。在工作上，如果你不小心，很可能在不经意间说出令同事尴尬的话，表面上他也许只是脸面上有些过意不去，但其心里可能已受到严重的伤害，以后，对方也许就会因感到自尊受到了伤害而拒绝与你交往。

4. 不要当众炫耀自己

如果自己的专业技术很过硬，如果老板非常赏识你，这些就能够成为你炫耀的资本了吗？再有能耐，在职场生涯中也应该小心谨慎，强中自有强中手，倘若哪天来了个更加能干的员工，那你一定马上成为别人的笑料。倘若哪天老板额外给了你一笔奖金，你就更不能在办公室里炫耀了，别人在一边恭喜你的同时，也在一边嫉恨你呢！

5.避免争执

同事之间由于经历、立场等方面的差异，对同一个问题，往往会产生不同的看法，引起一些争论，一不小心就容易伤和气。因此，与同事有意见分歧时，一是不要过分争论。客观上，人接受新观点需要一个过程，主观上往往还伴有好面子、好争强夺胜心理，彼此之间谁也难服谁，此时如果过分争论，就容易激化矛盾而影响团结。二是不要一味以和为贵。不要涉及原则问题也不坚持、不争论，不能随波逐流，刻意掩盖矛盾。面对问题，特别是在发生分歧时要努力寻找共同点，争取求大同存小异。实在不能一致时，不妨冷处理，表明"我不能接受你们的观点，我保留我的意见"，让争论淡化，又不失自己的立场。

6.多补台不拆台

单位就是一个大家庭，每一位成员都是家庭的一分子，同事相互之间要多联系、多沟通、多协调，少猜疑、少指责、少说怪话，要相互补台，而不拆台，切实做到不利于团结的话不说，不利于团结的事不做，与同事团结协作、共同进取。特别是在与外单位的人接触时，要形成团队形象的观念，多补台少拆台，不要为自身小利而损害集体大利，最好家丑不外扬。

7.自曝劣势

在职场中，即使你明显比同事强，你也要和大家在一起，千万不能与他们拉开距离，这样同事们才不会嫉妒你，同时他们也会在心里承认你的"优待"是靠自己努力换来的。当你处于优势时，要注意通过平时的交谈，用语言突出自己的劣势，从而减轻妒忌者的心理压力，寻找到一种心理平衡，进而淡化乃至免除对你的嫉妒。在你自曝劣势、不耻下问的过程中，你与工作中其他人员的关系往往会更加紧密，从而创造出更加优异的成果。

在谈判中轻松回答对方的提问

谈判，就其基本构成来说，是由一系列的问和答所构成的，有问必有答，问有问的艺术，答也要有答的技巧。如果答得不好，一不小心就会被人抓住把柄，使自己陷入被动。

1843年林肯与卡特莱特共同竞选伊利诺伊州议员，两人因此成了冤家。一次，他们一同到当地教堂做礼拜。卡特莱特是一名牧师，他一上台就利用布道的机会转弯抹角地把林肯挖苦一番，到最后他说：女士们，先生们，凡愿意去天堂的人，请你们站起来吧！全场的人都站起来了，只有林肯仍然坐在最后一排，对他的话不予理睬。

过了一会儿，卡特莱特又问大家说：凡不愿去地狱的人，请你们站起来。全场的人又都站起来，林肯还是依旧坐着不动。卡特莱特以为奚落林肯的机会来了，就大声说道："林肯先生，那么你打算去哪儿呢？"林肯不慌不忙地说："卡特莱特先生，我本来不准备发言的，但现在你一定要我回答，那么，我只能告诉你了：我打算去国会。"全场的人都笑了，卡特莱特被窘住了。

本来卡特莱特想使林肯进退两难，因为林肯如果站起来，就意味着林肯被他调动，而不站起来，就意味着林肯将去地狱。不料，林肯没有上他的圈套，以"我打算去国会"的回答，一方面解脱了自己的困境，另一方面也向大家表明了自己的志向，既表现了自己的智慧，又反诘了卡特莱特，在这场斗智的问答中获得了主动与成功。

谈判中，双方为争得各自一方更多的利益和谈判的主动权，常常提出一些尖锐、复杂和一时难以解答的棘手问题，以此来使对手处于尴尬窘困的境地，或是直接探测到对手的底牌。如果你想在谈判中灵活答复对手的问题，不损害自身的利益，除了深思熟虑以外，还得掌握必要的技巧。

在谈判过程中，谈判者应遵循以下几点原则：

1．先思考

在谈判过程中，提问者提出问题，请求对方给予回答，自然会给回答者带来一定的压力，似乎必须马上回答。在回答问题之前，要给自己一些思考的时间。谈判中对提问回答的好坏，并不是看你回答的速度，特别是面对一些涉及重要既得利益的问题，必须三思而答。此时可以借点支香烟、喝水，调整一下自己坐的姿势，整理一下桌子上的资料，翻一翻笔记本等动作来延长时间，做出经过思考的回答。

2．回答不应太随便

谈判者在谈判桌上的提问动机复杂、目的多样，谈判者如果没有了解问话动机，按常规回答，结果可能会反受其害，而一个高明的回答，都是建立在准确判断对方用意的基础之上，并独辟蹊径，富有新意的。

3．不该回答的决不回答

在谈判中，回答问题越明确、越全面就越显得愚笨。回答的关键在于什么该说什么不该说。如果什么问题都和盘托出，就难免会暴露自己的底细，以至于使自己被动。

4．以问代答

这是应付谈判中那些一时难以回答或不想回答的问题的方式，就好像把别人踢来的球再踢回去，让对方在反思中自己寻找答案。这种回答对应付一些不便回答的问题是非常有效的。例如，一位音乐家临处死刑的前一

天还在拉小提琴，狱卒问："明天你就要死了，今天你还拉它干什么？"音乐家回答说："明天我就要死了，今天我不拉，还等什么时候拉？"以问代答，发人深思。

5.道听途说回答法

有些谈判者面对毫无准备的提问，往往不知所措，或者即使能够回答，但鉴于某些原因而不便回答的时候，通常就可采用诸如"对于这个问题，我虽没有调查过，但我曾经听说过……"或"贵方的问题，提得很好，我不知曾经在哪一份资料上看到过有关这一问题的记载，就记忆所及，大概是……"等找借口推卸责任的回答法。在这些回答中，即使答案是胡说八道带有故意欺骗的性质，回答者也可以不负责任，因为答案不但没加肯定，而且是道听途说的。这种回答法对于那些为了满足虚荣心的提问者以及自己不明确提问的目的和目标的提问者，往往能得到较好效果。

6.安慰回答法

当问题属于公认的复杂性问题或短时间内无法回答清楚的问题，又或者技术性很强，非专家讨论无法明了的问题时，有些回答往往采用安慰式。即首先肯定和赞扬提问者提问的重要性、正确性和适时性，然后话锋一转，合情合理地强调一下提问所涉及的问题的复杂性以及马上回答的困难程度，还可以答应以后找个专门的时间对所提问题进行专门的讨论等，以此换取包括提问者在内的在座者的理解与同情。

7.不要确切回答

回答问题，要给自己留有一定的余地。在回答时，不要过早地暴露你的实力。通常可先说明一件类似的情况，再拉回正题，或者利用反问把重点转移。例如："是的，我猜想你会这样问，我可以给你满意的答复。不过，在我回答之前，请先允许我问一个问题。"若是对方还不满意，可以这样回答："也许，你的想法很对，不过，你的理由是什么？""那么，你希望我怎么解释呢？"等等。

自我解嘲，谈笑间打破窘局

幽默一直被人们称为只有聪明人才能驾驭的语言艺术，而自嘲又被称为是幽默的最高境界。它能制造宽松和谐的交谈气氛，能使自己活得轻松洒脱，使人感到你的可爱和人情味，从而改变对你的看法。适时适度地自嘲会得到妙趣横生、意味深长的效果。懂得自嘲的人往往会与他人相处得更融洽，更受人欢迎。

英国作家杰斯塔东是个胖子，他在被人嘲笑后自嘲道："虽然我比其他男人重三倍，但在公交车上让座时，足以让三位女士坐下。"自嘲看似是自我贬低，实际上却能拉近人和人的距离，使自嘲者获得尊重和认可。

自我解嘲是一门很深的学问，它是人们心理防卫的一种方式，是一种自我安慰和自我帮助，是对人生挫折和逆境的一种积极、乐观的态度，也是沟通的艺术。自我解嘲并非逆来顺受，而是一个人心境太平的表现。

当我们在人际沟通中遇到难关或冷场时，如果你能审时度势地用好自嘲，就可以为你解除尴尬，平添许多风采。

那么如何自我解嘲呢？

1. 暴露缺点

把自己的弱点暴露给别人，人们会觉得你亲切，这样双方很容易沟通。

有一天，苏轼从朝中归来摸着肚子问左右侍从道："你们说，这里边有什么？"一个说："文章。"苏轼不以为然。另一个说："都

是心机。"苏轼也感觉不得要领。最后一个对苏轼很了解,说:"一肚子都是不合时宜。"苏轼捧腹大笑。

最后一个的回答,点到了苏轼自我解嘲的要害,使苏轼得到了一次超越自己忧愁的欣悦。

2．宽慰自己

人们在有些时候因某些事不尽如人意而烦恼和苦闷,运用自嘲,既可宽慰自己,又能让人刮目相看,一举两得。

在某俱乐部举行的一次招待宴会上,服务员倒酒时,不慎将啤酒倒到一位宾客那光亮的秃头上。服务员吓得手足无措,其他人也都是目瞪口呆。这名宾客却微笑地说:"老弟,你以为这种治疗方法会有效吗?"在场人闻声大笑,尴尬局面即刻被打破了。这位宾客借助俏皮,既展示了自己的大度胸怀,又维护了自我尊严,消除了挫折感。

3．巧贬自己

自我解嘲,巧贬自己,有时反而能表现出自己非凡的气度和超群的智慧。

胡适是很有名气的大学者,一次,他引用孔子、孟子和孙中山的话,在黑板上写:"孔说"、"孟说"、"孙说"。最后,他发表自己的意见时,引得哄堂大笑。原来他写的是"胡说"。

胡适只用两个字便活跃了气氛,缩短了他和学生之间的距离,增加了亲切感。

4．化解尴尬

一个人在处境困难或局面尴尬时，用自嘲来对付，是一种十分妥善的办法。善于应付世事的人，常常在于己不利的场合，运用自嘲的方式，把原来不利于自己的情况变通一下，大事化小，小事化了，轻轻松松地渡过难关。

有一位小伙子爱上了一位姑娘，追求两年没有一点成效，有人在大庭广众之下取笑他没有本事，他答道："这两年她总说我是美男子，她配不上我，那就算了吧！谁让我太帅了呢？"一番话使众人都欣然地笑了，把难堪的局面化解了，小伙子的自尊心也通过自嘲受到了保护。

5．大胆自讽

有时你陷入难堪是由于自身的原因造成的，如外貌的缺陷、自身的缺点、言行的失误等，自信的人能较好地维护自尊，自卑的人往往陷入难堪。对影响自身形象的种种不足之处大胆巧妙地加以自嘲，能出人意料地展示你的自信，在迅速摆脱窘境的同时可以显示你潇洒不羁的交际魅力。

有一位身材矮小的男老师走上讲台时，学生们有的面带嘲讽，有的交头接耳暗中取笑。如果这位教师这时用严肃的目光扫视一下，自然也能挽回面子，再历数矮个多奇人、多伟人，或许更能奏效。然而，他说："上帝对我说：'当今人们没有计划，在身高上盲目发展，这将产生严重后果。我警告无效，你先去人间做个示范吧。'"结果，学生们都佩服他的诙谐，心悦诚服，忘记了他身材的缺陷。

临危不乱，冷静应对麻烦事

生活中，我们难免会遇到一些无理取闹的事情。例如，在公共场合，有人提起一件你讳莫如深的往事，有恃无恐地出你的丑，或是公开你的隐私，或是大谈特谈你干过的傻事和闹出的笑话。遇到这些无理的行为，你不可为一句羞辱的话变得失去理智。你应遵循的一个原则就是控制情绪，保持冷静。只有这样，才能稳操胜券，才能巧妙地应对。以下是几种应对方法：

1.借其言，反其意

对无理的行为进行语言反击，是正义的语言与无理的语言的对抗。所以，反击的语言一定要与对方的语言表现出某种关联，正是在这种关联中，才会充分表现出自己的机智与力量，使对方搬起石头砸自己的脚。

德国大诗人海涅是个犹太人，常常遭到一些无耻之徒的攻击。在一个晚会上，一个人对他说："我发现了一个小岛，这个小岛上竟然没有犹太人和驴子。"海涅白了他一眼，不动声色地说："看来，只有你和我一起去那个岛上，才会弥补这个缺陷。"

"驴子"在德国南方语言中，常常是"傻瓜、笨蛋"的代称。面对是犹太人的德国大诗人海涅，将"犹太人与驴子"并称，无疑是侮辱人，可海涅并没有对他大骂，甚至对这种说法也没有异议，相反，他把这种并称换上"你和我"，这样就一下子把"你"与"驴"画上等号了。

2.避其锋芒

有时双方意见不合，不要一味地继续下去，否则将会发生争吵，不如将问题绕过去，暂时避其锋芒。

在找对象问题上，一对母女意见不合，产生了矛盾。女儿不愿意也不能和母亲闹僵，只好等待时机再说。这天吃饭时，母亲又唠叨起来："你也25岁了，不小了，我像你这么大的时候，你姐姐都3岁了。人家王局长的儿子个高，长得又精神，还有现成的房子，为什么看不上呢？""妈，这个红烧茄子是不是隔壁李阿姨教的做法？怎么颜色不好看，你过来看呀！"女儿有意回避话题，就是采取了"碰到红灯绕道走"的办法。

3.以其人之道，还治其人之身

有一个常常愚弄他人而自得的人，名叫汤姆。这天早晨，他正在门口吃着面包，忽然看见杰克逊大爷骑着毛驴哼哼呀呀地走了过来。于是，他就喊道："喂，吃块面包吧！"大爷连忙从驴背上跳下来，说："谢谢您的好意，我已经吃过早饭了。"汤姆一本正经地说："我没问你呀，我问的是毛驴。"说完得意地一笑。

没想到以礼相待，却反遭了侮辱。杰克逊大爷先是愣了一下，然后他猛然地转过身子，照准毛驴的脸上"啪、啪"就是两巴掌，骂道："你这畜生，出门时我问你城里有没有朋友，你斩钉截铁地说没有。没有朋友为什么人家会请你吃面包呢？"接着，"啪、啪"，杰克逊大爷对准驴屁股，又是两鞭子，说："看你以后还敢不敢说

谎。"说完，翻身上驴，扬长而去。

这就是用"以其人之道，还治其人之身"的方法来应对无理之人的。既然你以你和驴说话的假设来侮辱我，我就姑且承认你的假设，以同样的办法，借教训毛驴，来嘲弄你自己建立和毛驴的"朋友"关系，给你一顿教训。

4.幽默解围

杜罗夫是俄罗斯一位著名的丑角。

一次演出的幕间休息的时候，一个很傲慢的观众走到他的身边，讥讽道："丑角先生，观众对你非常欢迎吧？"

"是的。"

"要想在马戏班里受到欢迎，丑角是不是就必须有一张愚蠢而又丑怪的脸蛋呢？"

听到此话，很多人围了过来。

"确实如此。"杜罗夫明白了这位观众的恶意，立即回答说，"如果我能生一张像先生您那样的脸蛋的话，我准能拿到双薪。"

这位傲慢观众的脸蛋，同杜罗夫能否拿双薪，本无丝毫内在联系，但幽默的杜罗夫却巧妙地把它们牵扯在一起，轻松地为自己解了围。

巧妙开场，一句话引起听众最大兴趣

一次成功的演讲，有着多方面的因素在起作用，但好的开头，作为进入演讲的第一步，无疑是一个不可忽视的重要因素。正如人们常说，"好的开始是成功的一半"，对于演讲来说，好的开始不仅是成功的一半，它几乎可以决定此后你所说的每一句话的命运。

不管是多么冗长的演讲内容，演讲开场时的几句话都是至关重要的。出色的口才高手总是有很好的语言表达能力，能在一开场就抓住听众的注意力。他们登上讲台，一开口便一鸣惊人。他们善于立即抓住听众的心，尽快吸引听众的注意力。因为他们知道，如果不这样做，接下来的演讲将无法顺利进行。一个演讲者，如果从开始就无法让听众保持对所演讲内容的兴趣，那么，他将失去在演讲中的主导地位。所以，只有独具匠心的开场白，以其新颖、奇趣、聪敏之美，才能给听众留下深刻印象，才能立即控制住场上气氛，在瞬间集中听众注意力，从而为接下来顺利演讲搭梯架桥。

一位年轻貌美的女士在一次演讲中第一句话就说："昨天我险些脱掉裙子。"此言一出，在场的听众人人大吃一惊，急欲知道这是怎么一回事。她接着说道："当我昨天在厨房做饭时，我那念小学三年级的孪生儿子在隔壁房间吵了起来，他们两兄弟似乎吵得很凶，小弟说：'你这个大笨蛋，妈妈的肚脐是凹进去的。'老大也不甘示弱地反驳说：'妈妈才不是凹肚脐呢，她的肚脐是凸出来的。'小弟说：

'你胡说，才不是呢！'大儿子说：'你才胡说！'我看情形不对了，赶快跑出来和解说：'你们两人给我安静下来，妈妈让你们看看我的肚脐是凹的还是凸的。'于是我作势要脱下裙子的模样。'啊，妈妈羞羞羞。'他们两个小鬼看后马上拿小食指划着小脸蛋羞我，我们三个人都笑了出来……"

人们这才恍然大悟，原来这是一个关于"亲子关系"的演讲。年轻的女士就是在演讲的一开头就语出惊人，激起听众的好奇心的。

由此可见，有一个好的开场白是多么重要。出语不凡的开头，能唤起听众的兴趣和求知欲，产生巨大的吸引力，紧紧抓住听众的心，使听众非听下去不可。

开场白是演讲者向听众出示的第一个同时也是最重要的信号，能否抓住听众的注意力，引发他们听的兴趣和积极性就取决于这最初发出的信息。俄国大文学家高尔基说："最难的是开场白，就是第一句话，如同在音乐上一样，全曲的音调，都是它给予的。平常却又得花好长时间去寻找。"高尔基的这段话包含两层意思：第一，演讲的第一句话至关重要，它的作用如同音乐的定调，规定着全曲的基本面貌和基本风格；第二，适当的第一句话不是那么容易找到的，它是长期积累和斟酌钻研的结果。所以，想要成为一名成功的演讲者，必须在演讲开场时就抓住听众的注意力。记住：只有当你确信所有听众都在津津有味地听你演讲，你才可以确定你迈出了成功演讲的第一步。

下面，我们介绍几种常见的开场白：

1.讲述故事

演讲的开头通过故事跌宕起伏的情节，将听众引入一种忘我的境界，并将自己的思想观点不动声色地融入故事中，起到"随风潜入夜，润物细无声"的作用，真正达到讲故事的目的。

1962年，82岁高龄的麦克阿瑟回到母校——西点军校。一草一木，令他眷恋不已，浮想联翩，仿佛又回到了青春时光。在授勋仪式上，他即席发表演讲。他是这样开的头：

今天早上，我走出旅馆的时候，看门人问道："将军，你上哪儿去？"一听说我要到西点时，他说："那可是个好地方，您从前去过吗？"

这个故事情节极为简单，叙述也朴实无华，但饱含的感情却是深沉的、丰富的。既说明了西点军校在人们心中非同寻常的地位，从而唤起听众强烈的自豪感，也表达了麦克阿瑟深深的眷恋之情。接着，麦克阿瑟不露痕迹地过渡到"责任——荣誉——国家"这个主题上来，水到渠成，自然妥帖。

2.引用名言典故

演讲开场白也可以直接引用别人的话语，为展开自己的演讲主题做必要的铺垫和烘托。名人说过的格言，永远具有引人注意的力量。所以，如果能适当地引用一句名人说过的话，实在是演说开端的好方法。

有一次，一个演讲师在演讲培训班上讲课是这样开头的："美国第一个登上月球的宇航员阿姆斯特朗曾说过：'一个人的一小步，却是整个人类的一大步。'那么，对于今天要提高演讲能力的人来说就是：'上台一小步，演讲一大步。'不开口不知道自己舌头短，不上台不知道自己腿短。要想提高演讲能力，上台开口练习是不二法门。"演讲师这样的引用和引申，一下子就让学员们进入了状态，激发了他们即刻上台演讲的欲望。

3.设置悬念

人都有好奇的天性。在开场白中制造悬念，能激发听众的强烈兴趣和好奇心，在适当的时候解开悬念，使听众的好奇心得到满足，也使演讲前后照应，浑然一体。

一位日本教授在给大学生做演讲前，面对台下叽叽喳喳、谈论不休的大学生们，他没有急于宣布他的演讲主题，而是从口袋里摸出一块黑乎乎的石头扬了扬："请各位同学注意看，这是一块非常难得的石头，在日本，只有我才有这一块。"当同学们都伸长脖子想看个究竟的时候，这位教授才说明，这块石头是他从南极探险带回来的，并开始了他的南极探险演讲。

4．利用幽默

演讲时用幽默法导入，不仅能够较好地表现演讲者的智慧和才华，而且使听众能在轻松愉快的气氛中进入角色，接受演讲的内容，同时，还能使听众在幽默有趣的开场中，不时发出一种与导入语语感、语意十分和谐的笑声。这轻松的一笑，不仅给听众以美的感受，而且能增进演讲者与听众之间的感情。

胡适在一次演讲时这样开头："我今天不是来向诸君做报告的，我是来'胡说'的，因为我姓胡。"话音刚落，听众大笑。这个开场白既巧妙地介绍了自己，又体现了演讲者谦逊的修养，而且活跃了场上气氛，沟通了演讲者与听众的心理，一石三鸟，堪称一绝。

中篇　会做人

第一章　正直做人，拥有高尚品德

保持谦虚谨慎，更容易获得尊重

谦虚不仅是一种美德，更是一种人生的智慧。你可能也会有这样一种体会：越是谦逊的人，你越是喜欢找出他的优点；越是把自己看得了不起，骄傲自大的人，你越会瞧不起他，就越喜欢找出他的缺点。这就是谦逊的效能。所以，平时你要谦逊地对待别人，这样才能博得人家的支持，才会为你的事业奠定基础。

孔子是我国春秋末期伟大的思想家、教育家、政治家，儒家学派的开山鼻祖，被人们尊为"圣人"，他有弟子多达三千人，大家都向他请教学问。记录他言行的《论语》是千百年来的传世之作。孔子学问渊博，可是仍然保持谦虚的态度，虚心向别人求教。

孔子苦苦钻研"礼"的学问，但是没有得出结果，为此，他感到十分苦恼。当他听说老子经过多年苦心探索钻研，知识渊博，已经求得天道的消息后，就决定去洛阳拜访老子。

老子见了孔子，热情地接待了他，并对他说："阴阳之道是不可以用感官感知的，也是不能用语言来表达的，道也是不能送人的。寻求道，关键在于内心的感悟。心中没有感悟就不能保留住道；心中自悟到

道，还需和外界的环境相印证。因此，可以说，得道之人是无为的，是简朴而满足的，是不以施舍者自居，也无所耗费的。自己正的人才能正人，如果自己内心不能正确领悟大道，心灵活动便不通畅。"

一席话使孔子心窍大开，在和老子分别后，他对自己的学生说："我今天看见了老子，就像见到了龙一样啊！"老子的一席话，使孔子对他的高深见解十分赞赏，可见这次拜访使孔子有了很大的收获。

"谦虚使人进步，骄傲使人落后。"这是千年不变的恒言。看看古今中外那些先哲伟人，即使取得了令人瞩目的成绩，也绝少有人因为自己具有足够资本而狂妄的，相反，他们倒是非常自知而又非常谦虚的。

谦虚谨慎是成功人士必备的品格，具有这种品格的人，在待人接物时能温和有礼、平易近人、尊重他人，善于倾听他人的意见和建议，能虚心求教，取长补短。对待自己有自知之明，在成绩面前不居功自傲；在缺点和错误面前不文过饰非，并能主动采取措施进行改正。懂得谦虚的人往往能得到别人的友善和关照，从而为将来事业的成功打下良好基础。

良好的品德比杰出的才能更令人赞赏

品德是一个人的桂冠和荣耀。这是一种最高贵的财产，这是一个人的地位和身份的象征，也是一个人活在这个世界上的全部财产。它比金钱更具威力，它使所有的荣誉都分毫无损地得到保障。

林肯是一位深受美国人民爱戴的总统，他非常注重自己的品格，坚持自己的原则，拒绝一切诱惑。

在林肯还没有成为总统之前，他是一名律师，那时有人请他为理亏的一方做辩护，林肯回答说："我不能代理这样的案子。如果我代理了，那么法庭辩解时，我内心会不断提醒自己：'林肯，你是个说谎者，你是个说谎者。'"

有一次，林肯代理了一位太太的案子，开审前，这位太太付给他几百美元的律师费。林肯经过简单的考虑后，毅然把钱退了回去，并对这位太太解释道："你的案子还没有开审呢。"

"可这是你应该得到的啊。"那位太太说。

"不，你错了。"林肯回答，"因为我是义务辩护，所以我不应该收钱的。"

林肯的高贵品格，使他成为人们敬佩的人。

好的品德是做人的基础，是处世的根本。一个人只有拥有了良好的道德品质，才能受到别人的信任和尊敬。正如爱默生所说："美德具有至高无上的价值，它是一种伟大的品格力量，在所有价值中它处于最高的位置。"所以说，人品是一个人立身之本，是人生中最为宝贵的财产，是人们信誉的全部。

一家生产家用电器的企业，在一批电子炉发出后，发现有一箱电子炉少了配件——电源线。经查找，这箱电子炉已经被批发商发出去了。于是厂方便通过电视、电台、报纸等媒体连续广播了半个月，寻找那位买主。没想到，此项举措虽然没找到买主，却引来了十几家大型超市愿意包销该厂产品。

这家企业的良好信誉使其得到了意外收获。可见，对于一个企业来说，产品等于人品，经营等于做人。现实生活中，无论是一个企业，还是一个人，总会面临各种利益的诱惑。面对诱惑，品德是关键。

人品就是脸面。一个人拥有了良好的脸面，就等于为自己树立了良好的个人品牌，就相当于一只脚已经踏入了成功之门。所以说，良好的品行比杰出的才能更令人敬佩，它比资历和经验更为重要。

好的人品是最高贵的个人资产。如果一个人具有令人折服、敬佩的品格，他随时随地都会受人欢迎。无论他贫富贵贱，他都会成为别人乐意交往的对象。因为优秀的品格有一种神奇的力量，它足以感化人们的心灵。

优秀的品德是个人成功最重要的资本，也是最核心的竞争力。具有优秀品德的人，总是会从内心爆发出自我积极的力量，使人们了解他、接纳他、帮助他、支持他，使他的事业获得成功，使他受到人们的尊重和敬仰。可以说，好的品德是推动一个人不断前进的动力。

保持诚实的品质，就是保持他人的信赖

诚实，即忠诚老实，是一个人的基本道德品质。这种品质表现为为人诚恳老实，说老实话，办老实事，把说真话、不掩盖、不歪曲事实真相作为自己的准则。具有这种品质的人襟怀坦荡，光明磊落，言行一致，表里如一。

在我国古代流传着一个"阎敞不负重托"的故事，讲述了诚实的可贵。

阎敞和第五常是知心朋友，他们经常在一起谈古说今，对管仲与鲍叔牙、俞伯牙与钟子期的友谊尤为钦佩。不久，第五常突然接到皇帝的诏书，要他火速进京。第五常携带家眷匆忙上路，临行时把一大笔钱交给阎敞，请他代为保管。阎敞送第五常至十里长亭，洒泪而

别。回家后，他把钱封好，放在安全的地方。

暑往寒来，十多年过去了，也未见第五常来取钱，连个信也没有，阎敞很挂念。一天，忽然来了一位青年人求见，说是第五常的孙子。阎敞喜出望外，忙请他进来。一见面，阎敞就看出这个青年人是第五常的后代，模样长得像极了。阎敞急忙打听第五常的情况，那位青年放声大哭。接着，把情况一五一十地说了。原来，第五常一家人进京后，染上了瘟疫，一家人陆续死去，只剩下了第五常和一个九岁的孙子。第五常临终前把孙子叫来，告诉他："我有一好友叫阎敞，你可以去投奔他。我还有三十万贯钱在他那里。"第五常的孙子当时年龄尚小，又要在京城读书，所以没有来。现在，学业已成，已长大成人，便来寻阎敞并想把钱取走。听说老朋友病故，阎敞十分悲痛，幸喜第五常后继有人，便留第五常的孙子盘桓几日。第五常的孙子临走时，阎敞把存放的钱拿出来，一封一封，还是原样。一数，有一百三十万贯之多。第五常的孙子忙问："我祖父临终时说只有三十万贯，怎么多出一百万贯？"阎敞说："这钱确实是你祖父当年交给老朽保存的原物。至于他说的数目，或许是病中神志恍惚，也未可知。你就不必怀疑了。"第五常的孙子见阎敞如此诚实，又是佩服，又是感动，一时连话也说不出来了。

诚实是一种可贵的品质，它的魅力在于不说假话、大话，以诚待人，以心感人。诚实不需要华丽的辞藻来修饰，不需要甜言蜜语来遮掩，它是生命的本态，是天地之间的一种本真和自然。

一个人只有诚实可信，才能够建立起良好的信誉，才能获得别人的真诚对待。在这个复杂的社会，你越是诚实可信，人们越会认为你难得，越会觉得你值得交往和相处。

只有诚实有德的人，才会赢得别人永久的信任。当他人认为你是个可靠的人，他才可能靠近你。所以，要让他人肯定你、接纳你，你需要拥有

诚实的品质。诚实，会升华你的人品，会让更多的人支持你，会使你取得更大的成功。

良好的教养，令你更具人格魅力

在人际交往中，人们往往喜欢用"这个人有教养"来表示对他人的好感，而用"这个人教养不够或没有教养"来表示对他人的憎恶。所以，有没有教养便成了评论一个人的常用标准。

何谓教养？教养是一个人的内在素质和心灵品质的外在表现。它源于家庭、社会的影响和生活的积累。它是无形的，也是有形的。它通过日常交往中有形的言行举止表现出无形的力量。比如礼貌、谦让、文明、爱心、诚信、卫生、正义感，等等。

在现实生活中我们时常看到，一些人似乎特别幸运，他们无论走到哪里都备受欢迎，而这并不是因为他们聪明或者有才华。只要我们对这些"幸运儿"稍加分析就会发现，他们本身具有良好的教养，也正因如此，他们身上就像有一个奇特的磁场，总是能把别人牢牢地吸引在自己周围。

现实社会中，有教养的人，在社交活动、日常交往、个人生活中都会表现出良好的气质和风度，并受到人们的欢迎和尊重。

教养是一个人一生中必不可少的东西，一个有教养的人是讨人喜欢的人。教养就是尊重，教养就是真诚，教养就是懂礼仪……英国哲学家约翰·洛克说过："教养润饰了人的所有其他美德而使之光彩夺目。没有教养，其余一切成就就会被人看成自负、无用或者愚蠢。"一个人如果没有才华，不会有人怪他，但是如果一个人没有好的教养，即使他才高八斗、学富五车也不会有人看得起他。因此，良好的教养是让人尊重的前提。

　　某大学教授曾讲过他经历的一件尴尬的事：一次在巴黎，他与一对父子去参观一个展览会，那天下着雨，花园的地上有点泥，从花园进入大厅，会走过一个较大的门垫，他以为这么大的门垫足以将鞋子上的泥蹭掉了，就直接进去了，但发现父子二人并没有一起进来，回头一看，发现那父子俩正在门垫上来回蹭着鞋底。他很惭愧，因为自己这种很细微的举止就是教养不够的表现。

　　毋庸讳言，当下有不少国民缺乏教养。乱扔杂物，乱穿马路，出入公共场所衣衫不整，争先恐后，喧哗吵闹，不爱护环境和公共设施等，这些陋习已深为媒体舆论所诟病，甚至成为外国人识别中国人的"标志"。美国首位华裔市长黄锦波就曾一针见血地指出："很多中国人受过教育，但没有教养。"这个批评值得我们深刻反思。

　　人与人和谐相处离不开教养。有教养者尊重他人，也尊重自己，必然会受到别人的尊重和喜爱，而没有教养者则是让人厌烦的。

　　教养是一个人的品德和文化的修养，它直接的外在表现就是一个人的文明素养，一个有教养的人一定是一个懂礼的人。

　　现代社会中，有教养的人总会表现良好，受到人们的欢迎。教养是一种潜在的品质，一个有教养的男人总是让人心生好感；而一个有教养的女人，总是让人如沐春风。

第二章　洒脱做人，笑看得失

得之坦然，失之淡然

得之坦然，失之淡然，争其必然，顺其自然。人生总是有得有失，这本是无可厚非的，但如何正确对待个人得失，却是我们应该深思的。

战国时期，靠近北部边城，住着一个老人。一天，他养的一匹好马突然失踪了。邻居和亲友们听说后，都跑来安慰他。老人并不焦急，他笑了笑说："马虽然丢了，怎么知道这就不是一件好事呢？"邻居听了老人的话，心里觉得很好笑。马丢了，明明是件坏事，他却认为也许是好事，显然是自我安慰而已。

过了几天，丢失的马不仅自动返回家，还意外地带回一匹匈奴的骏马。这事轰动了全村，人们纷纷向老人祝贺。老人听了邻居的祝贺，反而一点高兴的样子都没有，忧虑地说："白白得了一匹好马，不一定是什么福气，也许会惹出什么麻烦来。"

几天之后，老人的独生子骑着那匹匈奴马玩，这匹马不熟悉它的新主人，乱跑乱窜，将小伙子摔下来，把腿摔瘸了。

人们听说后，又跑来安慰老人。可是老人仍然不急地说："没什么，腿摔断了却保住了性命，或许是福气呢！"邻居们觉得他又在胡言乱语。他们想不出，摔断腿会带来什么福气。

不久，边境上发生了战争，很多青年人被迫入伍，上了前线，伤亡了十之八九，只有老人的儿子因为身体残废，留在家里，才侥幸活了下来。

"塞翁失马，焉知非福"，生活中的得与失或许会左右你的生活。塞上老翁这种透过长远时空、利弊并重的思考问题方式，自然会产生不以物喜、不以己悲，顺其自然的平常心。顺其自然不等于逆来顺受，而是随着环境变化调整心态，乐观积极地面对。顺其自然是种与世无争的悠闲，得之坦然，失之淡然。

有道是：避苦求乐是人性的自然，多苦少乐是人生的必然，能苦会乐是做人的坦然，化苦为乐是智者的超然。一个人有了海阔天空的心境和虚怀若谷的胸怀就能自信达观地笑对人生的种种苦难与逆境。视世间的千般烦恼、万种忧愁如过眼烟云，不为功名利禄所缚，不为得失荣辱所累，我们就能从苦境或困惑中解脱出来。我们要以宽宏大量和豁达大度去容忍别人，遇事想得开，看得透，拿得起，放得下，做到得之坦然，失之淡然。

"得之坦然，失之淡然"是一种心境，是面对一切的不计较，无论是金钱、名利、地位；坦然，是面对现实的一种从容不惊，一种泰然。人生之路并不都是充满阳光鲜花的大道，有时也会有沟沟坎坎、磕磕绊绊，许多的成败得失，并不是我们所能预料到的，也不是我们能够承担得起的，但只要我们努力去做，求得一份付出后的坦然，得到的也会是一种快乐。

学会"得之坦然，失之淡然"，才能真正做到心态平衡，经受住成功和失败的种种考验。

百得会有一失，百失也会有一得

　　人的一生仿佛就是得失的轮回，得失就像是一对跳跃的、充满灵性的音符，不停地编织着人生乐章中每一个悠扬的旋律。生活中，有得必有失，有失也必有得。只有从来没有的东西，才永远不会失去。"百得会有一失，百失也会有一得"，这句话虽谈不上是至理名言，但也从一个侧面说明了得与失相互转化的关系。

　　有一个10岁的小男孩在一次车祸中失去了左臂，但是他很想学柔道。最终，小男孩拜一位日本柔道大师为师，开始学习柔道。他学得不错，可是练了三个月，师父只教了他一招，小男孩有点弄不懂了。

　　一天，他终于忍不住问师父："我是不是应该再学些其他招法？"师父回答说："不，你只需要会这一招就够了。"小男孩并不是很明白，但他很相信师父，于是就继续照着练了下去。

　　几个月后，师父第一次带小男孩去参加比赛。小男孩自己都没有想到居然会轻轻松松地赢了前两轮。第三轮稍稍有点艰难，但对手还是很快就变得有些急躁，连连进攻，小男孩敏捷地施展出自己的那一招，又赢了。就这样，小男孩进入了决赛。

　　决赛的对手比小男孩高大、强壮许多，也似乎更有经验。关键时刻，小男孩显得有点招架不住了。裁判担心小男孩会受伤，就叫了暂停，还打算就此终止比赛，然而师父不答应，坚持说："继续下去！"

　　比赛重新开始后，对手放松了戒备，小男孩立刻使出他的那招，制服了对手，最终获得了冠军。

在回家的路上，小男孩和师父一起回顾每场比赛的每一个细节，小男孩鼓起勇气道出了心里的疑问："师父，我怎么能仅凭一招就赢得了冠军？"

师父答道："有两个原因：第一，你完全掌握了柔道中最难的一招；第二，据我所知，对付这一招唯一的办法就是对手抓住你的左臂。"

原来，有时缺陷也能变成优势，正如著名戏剧家莎士比亚所说："并非所有缺点都受人唾弃。有些特定情况下的缺点，对于社会生活来说是必不可少的。"

人生没有绝对的事。在某些时候，失去的同时也是得到，而且得到的远远比失去的要多。命运向来都是公正的，在这方面失去了，就会在那方面得到补偿。当你感到遗憾失去的同时，可能会有另一种意想不到的收获。

俗话说"万事有得必有失"，得与失就像小舟的两支桨，马车的两个轮子，得失只在一瞬间。失去春天的葱绿，却能够得到金秋的丰硕；失去青春岁月，却能使我们走进成熟的人生……失去，本是一种痛苦，但也是一种幸福，因为失去的同时也在获得。

有这样一个故事：

风浪中，船沉了，唯一一位幸存者被风浪冲到了一座荒岛上，每天，这位幸存者都翘首以待，希望有船来将他救出。然而，他盼到"花儿都谢了"，还是没有船来。

为了活下去，他辛辛苦苦地弄来了一些树木枝叶给自己搭建了一个"家"，每天，他默默地向上帝祈祷着。然而，不幸的事发生了。一天当他外出寻找食物时，一场大火顷刻间把他的"家"化为了

灰烬，他眼睁睁地看着滚滚浓烟消散在空中，悲痛交加，眼中充满了绝望。

第二天一大早，当他还在痛苦的睡梦中煎熬时，风浪拍打船体的声音惊醒了他——一只大船正向他驶来。他得救了。"你们是怎么知道我在这里的？"他问。"我们看见了你燃放的烟火信号。"

人生没有绝对的事。在某些时候，失去的同时也得到了，而且得到的远远比失去的要多。

生活中往往有得就有失，得到和失去都是一种暂时，而且还是一种偶然，以淡然的心态看待云卷云舒、潮起潮落，以平静的心灵对待工作和生活，才是值得每个人追求的真谛。

有一个阿拉伯的富翁，在一次大生意中亏光了所有的钱，并且欠下了债。他卖掉房子、汽车，还清债务。

此刻，他孤独一人，无儿无女，穷困潦倒，唯有一只心爱的猎狗和一本书与他相伴，相依相随。在一个大雪纷飞的夜晚，他来到一座荒僻的村庄，找到一个避风的茅棚。他看到里面有一盏油灯，于是用身上仅存的一根火柴点燃了油灯，拿出书来准备读书。但是一阵风忽然把灯吹熄了，四周立刻漆黑一片。这位孤独的老人陷入了黑暗之中，对人生感到彻底的绝望，他甚至想到了结束自己的生命。但是，立在身边的猎狗给了他一丝慰藉，他无奈地叹了一口气沉沉睡去。

第二天醒来，他忽然发现心爱的猎狗也被人杀死在门外。抚摸着这只相依为命的猎狗，他突然决定要结束自己的生命，世间再没有什么值得留恋的了。于是，他最后扫视了一眼周围的一切。这时，他不由发现整个村庄都沉寂在一片可怕的寂静之中。他不由急步向前，啊，太可怕了，尸体，到处是尸体，一片狼藉。显然，这个村昨夜遭到了匪徒的洗劫，整个村庄一个活口也没留下来。看到这可怕的场面，老人不由心念急转，啊！我是这里唯一幸存的人，我一定要坚强地活下去。此时，一轮红日冉冉升起，照得四周一片光亮，老人欣慰地想，我是这个村里唯一的幸存者，我没有理由不珍惜自己。虽然我失去了心爱的猎狗，但是，我得到了生命，这才是人生最宝贵的。

老人怀着坚定的信念，迎着希望的朝阳又出发了。

从这个故事中我们可以得到这样的感悟：人的一生，总在得失之间，在失去的同时，也往往会另有所得。只有认清了这一点，才不至于因为失去而后悔，才能生活得更快乐。

不要为过去的事而苦恼

生活中，我们经常可以看到，一些人因为自己做错了某件事，便终日陷在无尽的自责、哀怨和悔恨之中，这无疑是一种严重的精神消耗，只会令我们痛苦不堪。过去的已经过去，我们为过去哀伤、遗憾，除了劳心费神，于事无补。莎士比亚曾说："聪明的人永远不会坐在那里为他们的过错而悲伤，他们会很高兴地去找出办法来弥补过错。"所以，我们没有必要整日为过去的错误自责，既然过错已经发生，我们所需要的是从过错中总结经验得失，避免下一次再犯。

不要为自己的过失而苦恼。对过去的错误，有机会补救，就尽力补救，没有机会补救，就坚决将其丢到一边，不要陷在过去的泥沼里，否则会越陷越深，无力自拔，最终你将错失更多的东西。正如泰戈尔所言："如果你因为错过太阳而流泪，那么你也将错过月亮和星辰。"

　　王伟为儿子买了一辆新的山地自行车，儿子爱不释手，每天都骑着它上学放学。一天，儿子骑车回来后，将车随意停在了楼下，忘记上锁了。结果等他出来的时候，车子早已不见了踪影。王伟知道此事后，并没有责怪儿子，因为现在去追究当时的过错，显得太迟了。但是儿子为此难过了整整一周，终于找了机会，开始忏悔："唉！真是可惜，我怎么能不锁车就回家，当时不知道是怎么搞的，脑子一片空白，都是我的错啊……"王伟听完后明白了，原来儿子的自责并不完全因为丢失的自行车，还有一部分是对自己的错误耿耿于怀。于是王伟劝道："自行车丢了，这已经是事实，谁都不想这种事情发生，可是我想你也不大可能把它找回来。所以，你不要把这件事太放在心上了，休息一下……"第二天，王伟又买了一辆自行车，放在儿子面前，并且告诉他："你现在拥有了一辆新车，而且比以前的那辆更好。"从此，儿子再也没有忘记过上锁，这辆车一直骑到现在。

　　有一个老人特别喜欢收集各种古董，一旦碰到心爱的古董，无论花多少钱都要想方设法买下来。有一天，他在古董市场上发现了一件向往已久的古代瓷瓶，于是，就花了很高的价钱把它买了下来。他把这个宝贝绑在自行车后座上，兴高采烈地骑车回家。谁知，由于瓷瓶绑得不牢靠，在途中"咣当"一声从自行车后座上滑落下来摔得粉碎。这位老人听到清脆的响声后连头也没回继续向前骑车。这时，路边有位热心人对他大声喊道："老人家，你的瓷瓶摔碎了。"老人仍是头也不回地说："摔碎了吗？听声音一定是摔得粉碎，无可挽回了！"不一会儿，老人家的背影消失在了茫茫人海中。

　　生活中，有太多的变数，就像自行车丢了，古董瓷瓶不小心被摔碎一样，事情一旦发生，就绝非一个人的主观愿望所能改变的。如果心里整天想着它，怎么也挥不去那个阴影，怎么也摆脱不了那种懊悔，为此反反复复孤枕难眠，这样就放大了痛苦，带给自己的将是更大更多的失误。

　　著名发明家爱迪生费尽财力，建立了一个庞大的实验室，但不幸的是一场大火造成了严重的损失，他一生的研究心血几乎付之一炬。

　　当他的儿子在火场附近焦急地找他父亲时，他看到已经六十七岁的爱迪生，居然平静地坐在一个小斜坡上，看着熊熊大火烧尽一切。

　　爱迪生看儿子来找他，扯开喉咙跟他儿子说："快把你妈妈找来，让她看看这难得一见的大火。"大家都以为这场打击可能会对爱迪生造成重大的伤害，但是他说："大火烧去了所有的错误。感谢上帝，我们又可以重新开始了。"

　　这场大火给了爱迪生很大的启发，三个星期过后，经过爱迪生日夜奋战，他竟神奇般地发明了留声机。

　　生活中，总会有一些意想不到的事情发生。当你面对一些不幸的打击时，要学会潇洒地挥一挥手，告别昨天。不要把宝贵的时间和精力浪费在悔恨、自责和羞愧上。这些负面情绪只会阻止你改变目前的生活状态，因为它们只会让你的意识停留在过去。

　　意识停留在过去的人，不可能积极地面对现在。因为人的大脑无法同时面对"过去"和"现在"这两个现实。生活是意识的反映。如果你的意识只关心你做过或本来应该做什么，那么你的现在只会由气馁、焦虑和迷惑堆砌。这个代价太大了。原谅自己，用积极的心态面对未来。正如哲学家威廉·詹姆斯所说："乐于承认事实就是这样的情况，能够接受发生的事实，就是能克服随之而来的任何不幸的第一步。"

　　过去的事就让它过去吧，不要为打翻的牛奶哭泣，因为你已经无法去改变它了。但你要记住，以积极的态度来应付不幸之事会收到好的效果，只要你吸取教训，你便会从中获益。

所谓的完美只存在于童话故事里

有这样一个小故事:

从前,一个缺了一角的圆,想要找回一个完整的自己,于是,它到处寻找自己丢失的那一角。由于它是不完整的,滚动得非常慢,从而领略了沿途美丽的景色,它和虫子们聊天,充分感受到阳光的温暖。它找到许多不同的碎片,但都不是原来的那一块,于是它坚持寻找着,直到有一天,它实现了自己的心愿。

然而,作为一个完美无缺的圆,它滚动得太快了,错过了花开的时节,忽略了虫子。当它意识到这一切时,它毅然舍弃了历尽千辛万苦才找到的碎片。

这个哲理故事告诉我们:一味地追求完美,只能给人生留下太多的烦恼和遗憾。有时不完美,我们的人生也会很精彩。

有一个渔夫从大海里捞上来一颗硕大而美丽的珍珠,但他并不感到满足,因为那颗珍珠上面有一个小小的斑点。他想,若是能够将这个小小的斑点去除,那么它肯定会成为世界上最珍贵的宝物。

于是,他就下狠心削去了珍珠的表层,可是斑点还在。他又削去第二层,原以为这下可以把斑点去掉了,然而它仍旧存在。就这样他削了一层又一层,直到最后,那个斑点终于没有了,而珍珠也不复存在了。后来,那个人心痛不已,并由此一病不起。临终前,他无比懊悔地对大家说："如果当时我不去计较那一个斑点，现在我的手里还会攥着一颗美丽的珍珠啊！"

不能容忍美丽的事物有所缺憾，是人的一种普遍心态。对许多人来说，追求尽善尽美是理所当然的。他们从未想过，正是这种似乎无关紧要的态度，给他们的生活带来了巨大的压力。

有一位年过七旬的老人，一生当中都在孤独地流浪。路人问他："为什么不娶妻成家？"老人说："我在找一位完美的女人。"路人反问："那么，你流浪了这么多年，就没有遇到一个完美的女人？"老人悲伤地回答："我曾经遇到过一个。""那你为什么不娶她呢？"老人无奈地说："因为她也在寻找一个完美的男人。"其实，像这样寻找完美的人很多，人人都希望完美，但这只能追求而不能指望。最完美的人在悼词里，最完美的爱情在小说里，最完美的女人在梦里。

俗话说："金无足赤，人无完人。"人生确实有许多不完美之处，每个人都会有这样或那样的缺憾，真正完美的人是不存在的。虽然我们都想追求完美，但无人能做到真正的完美。完美只是人们给自己戴上的一个"金箍"，然后自己念着"紧箍咒"来折磨自己。

王小姐是一个完美主义者。她对自己要求颇高，凡事都要求做到最好，但因常常无法如愿，故总是自责。近来，王小姐对平常驾轻就熟的日常工作缺乏信心，睡眠也不好，感到惶恐，她以为自己生病了，所以来到医院检查，于是有了下面一段对话：
医生："您见过著名的维纳斯雕像吗？"
王小姐："当然见过啦。"

医生："这个雕像有一个非常显著的特征，你知道是什么吗？"

王小姐："哦，她的手臂是断的。"

医生："请您想象一下，如果我们帮她接上两只手臂，是不是会更美？"

王小姐："您真会说笑，如果那样的话，她还叫维纳斯吗？"

医生："是的，也就是说，凡事不可能完美，换言之，既然凡事不可能完美，那就说明残缺也自有一种美，那么您又为什么一定要追求工作中的完美无缺呢？这和为维纳斯接上双臂有什么区别呢？其实正是工作中这些小小的缺陷，才使您更加努力地工作，力争避免失误，争取做得更好，那么您为什么不能容忍它们的存在反而感到焦虑不安呢？"

王小姐："哦……是的，我好像有些明白了。"

医生："最后，送给您一句话：'人可以不断完善自己，但永远无法使自己完美。'"

生活中，很多人把追求完美当作人生的目标，但是，越来越多的人却被对完美的这份追求压得喘不过气来，深受完美主义之累，把所有的心思都投入追求完美中，无论对生活、对工作都锱铢必较，其结果只会把自己搞得筋疲力尽。

人生没有完美可言，完美只在理想中存在。我们可以接近完美，但永远也不可能达到完美。一位哲人在日记中写道："如果再给我一次生命，我不会再追求事事的完美。只有自己确定了重点，才能享受到生活的快乐。因为快乐的人并不是把一切都做得尽善尽美的人。"所以，我们只要心放宽一些，对自己不去苛求，对别人也不去苛求，生活就会少了许多的烦恼。

第三章　宽容做人，你就会快乐一些

胸中天地宽，常有渡人船

古人说："江海所以能为百谷王者，以其善下之。""有容乃大。""唯宽可以容人，唯厚可以载物。""君子不责人所不及，不强人所不能，不苦人所不好。"无数事实证明，宽容大度是人在实际生活中不可缺少的素质。

生活在尘世中，难免有误会、有矛盾、有分歧，只要能够拥有一颗宽容、友爱、谅解、忍让的心，相信所有的人都可以和谐共处。

洛克菲勒是美国历史上最富有的人之一，是世界公认的石油大王。有一次，他本可以好好教训一个缺少教养的职员，但是事实上他并没有那样做。

很多年以前，洛克菲勒的空闲时间很少，所以他总是将一个可以收缩的运动器——一种手拉的弹簧，可以闲暇时挂在墙上用手拉扯——放在随身的袋子里。有一天，他走到自己的一个分行里去，这里的人都不认识他。他说要见经理。

有一个神色傲慢的职员见了这个衣着随便的年轻人，便回答说："经理很忙。"

洛克菲勒便说，等一等不要紧。当时待客厅里没有别人，他看见

墙上有一个钩子，洛克菲勒便把那运动器拿出来，很起劲地拉着。弹簧的声音打扰了那个职员，于是他急忙跳起来，气愤地瞪着他，冲着洛克菲勒大声吼道："喂，你以为这里是什么地方啊，健身房吗？这里不是健身房。赶快把东西收起来，否则就出去。懂了吗？""好，那我就收起来吧。"洛克菲勒和颜悦色地回答着，把他的东西收了起来。5分钟后，经理来了，很客气地请他进去坐。

那个职员当时就傻了。他觉得他在这里肯定待不长了，肯定断送了前程。洛克菲勒临走的时候，还客气地和他点了点头，而他则是一副不知所措的样子。他觉得在这个星期六的时候，他和付薪金的信封一定会脱离关系。他把这件事告诉了他的妻子。

但是到了周末什么也没发生。又过了一个星期，再过一个星期，也还是没有事。过了三个月之后，他忐忑不安的心才慢慢平静下来。

很明显，因某种不可理解的缘故，洛克菲勒对于这件事情是没有放在心上的。当然，原因也许是因为洛克菲勒有许多别的重要事情要做，他没有闲工夫为自己的尊严被下属职员所损害这种区区小事操心。这种宽大的胸襟不是任何人都有的，比如那个职员就没有，所以他也只能做一辈子的小职员。

宽容是一个人成熟的标志，是一种"胸中天地宽，常有渡人船"的人生境界，只有经过一番生活磨炼，潜心思考，用心修炼方可得到。

宽容是人处世的准则。一个宽宏大量、与人为善、宽容待人、能主动为他人着想和帮助别人的人，一定会讨人喜欢，被人接纳，受人尊重，具有魅力，因而能够更多地体验成功的喜悦。而一个以敌视的眼光看人，对周围的人戒备森严，心胸狭窄，处处提防，不能宽大为怀的人，必然会因孤独而陷入忧郁和痛苦之中。

所以说，一个心胸宽阔、善于宽厚待人、能容忍别人缺点的人，才能收服人心，成就人格魅力。这也是每个人都应该有的处世准则。

有一种境界叫宽容

有这样一个故事：

　　从前，有一个人，在过年那天，发现自家门外多了个非常不吉利的东西——盛骨灰的陶罐。不知是哪个缺德的人干的"好事"，后来，他得知是一个邻村的仇人干的。他冷静地想了一想，在陶罐里种了一株百合花，花开了，他悄悄地送了过去。这一举动打破了原先的僵局。百合花的盛开化解了两家人的仇恨，同时也带去了他的仁慈之心。那位邻村仇人在一片真心面前，登门道歉，自惭形秽，他那只占一小片空间的宽容之心也被唤醒了。两人的宽容之心互相交换，冤仇自然消除了。

　　由此可见，宽容体现了一个人的素养与气度，表现了人的思想水平。只有宽容，才会在心中留出一片天地给别人。能以宽容对待别人的人，在生活中能养成将心比心、推己及人的做人做事的习惯，这样的人，肯定是受人尊敬和欢迎的。

　　一个少女被发现怀有身孕，在父母再三追问下，少女说是镇上的一个牧师干的。此牧师在当地德高望重，声誉极好，因此父母不信，而少女则一口咬定就是他。孩子出世后，女孩的家人找到牧师，要求他领回孩子，牧师轻轻地说："噢，就是这样的吗？"并默默地接过了孩子。后来真相大白，才知道孩子不是牧师的。于是，这家人又去

要回孩子，牧师轻轻地说："噢，是这样的吗？"于是又默默地把孩子还给了这家人。

被人冤枉导致名声扫地，还能不动声色、泰然自若，这需要博大的胸襟。面对自己一夜之间由口碑极佳的布道者变成了一个生活作风败坏的道貌岸然的伪君子，牧师选择了沉默。他完全可以为自己辩解，还自己一个清白，但他没有辩白，开始没有，后来也没有。他的沉默是金，是极端的宽容与忍让，是超脱于世俗的博大的爱。

放眼芸芸众生，有人为了一件无关紧要的小事，为了一己私利，不依不饶，大动干戈；也有人为了别人无意的伤害斤斤计较，以牙还牙，甚至亲兄弟之间同室操戈。其实，这些闹剧的结局往往都是两败俱伤。所谓"大肚能容天下难容之事"，其实，人人都能做"大肚"之人，只要你挣脱自我的羁绊，走出自私的阴影。

宽容的伟大来自于内心，宽容无法强迫，真正的宽容总是真诚的、自然的。用你的体谅、关怀、宽容对待曾经伤害过你的人，使他感受到你的真诚和温暖。宽容所至，能化干戈为玉帛，天空中仇恨的乌云也会被一片祥和之光所驱散，澄明而辽阔，蔚蓝如洗。

容人待人方显大家本色

中国有句古话，叫作"量小非君子"。一个人要想成就一番事业，就必须有恢宏的气度，能容人所不能容，忍人所不能忍，善于求大同存小异，团结大多数人。

人非圣贤，孰能无过。与人相处就要相互谅解，经常以"难得糊涂"自勉，求大同存小异，有度量，能容人，你就会有许多朋友，且左右逢源，诸事遂愿；相反，斤斤计较，认死理，过分挑剔，容不得人的人，人家就会躲你远远的。

春秋时期的楚庄王，在爱妾被一位醉酒后的将军调戏的情况下，竟然能拿出容人之量，不追究犯上者的罪，遮掩了这位将军的罪过，实在是难能可贵。当日，楚庄王兴致大发，大摆酒宴，招待群臣，自中午一直喝到日落西山。楚庄王又命点上蜡烛继续喝。群臣们越喝兴致越浓。忽然间，起了一阵大风，将屋内蜡烛全部吹灭。此时，一位喝得半醉的武将乘灯灭之际，搂抱了楚庄王的妃子。妃子慌忙反抗之际，折断了那位武将的帽缨，然后大声喊道："大王，有人调戏侮辱我，我已将那人的帽缨折断，快快将蜡烛点上，看谁的帽缨折断了，便知是谁。"

正当众人准备点灯时，楚庄王高声喊道："切莫点烛，寡人今日要与众卿尽情欢乐，开怀畅饮。如果不折断帽缨，说明他没有尽兴，现在大家都把帽缨折断，谁不折断，那我就要处罚他！"

众人一听，齐声称好，等大家都把帽缨折断以后，才重新将蜡烛点上，大家尽兴痛饮，愉快而散。此后，那位失礼的武将对楚庄王感恩不尽，暗下决心，自己的人头就是楚庄王的，为楚庄王而活着，对楚庄王忠心耿耿，万死不辞。后来，在一次生命危急关头，就是那位失礼的武将，拼着性命救出了楚庄王。楚庄王以一时的忍让原谅，换取了自己的一条性命。

宽以为怀，是一种气度，一种风范，它有助于事业的成功，一个人只有摒弃了内心的小小私念，才能把事业做大做好。

法国作家雨果曾经这样感叹："世界上最宽广的是海洋，比海洋更宽广的是天空，而比天空更宽广的，是人的胸怀。"而在中国，则有"宰相肚里能撑船"的说法。这都说明一个人要想成功，就要学会宽以待人。

春秋时期齐国国君齐襄公被杀。襄公有两个兄弟，一个叫公子纠，当时在鲁国（都城在今山东曲阜）；一个叫公子小白，当时在莒国（都城在今山东莒县）。两个人身边都有个师父，公子纠的师父叫管仲，公子小白的师父叫鲍叔牙。两个公子听到齐襄公被杀的消息，都急着要回齐国争夺君位。

在公子小白回齐国的路上，管仲早就派好人马拦截他。管仲拈弓搭箭，对准小白射去。只见小白大叫一声，倒在车里。管仲以为小白已经死了，就不慌不忙护送公子纠回到齐国去。怎知公子小白是诈死，等到公子纠和管仲进入齐国国境，小白和鲍叔牙早已抄小道抢先回到了国都临淄，小白当上了齐国国君，即齐桓公。

齐桓公即位以后，即发令要杀公子纠，并把管仲送回齐国治罪。管仲被关在囚车里送到齐国，鲍叔牙立即向齐桓公推荐管仲，齐桓公气愤地说："管仲拿箭射我，要我的命，我还能用他吗？"

鲍叔牙说："那会儿他是公子纠的师父，他用箭射您，正是他对公子纠的忠心。论本领，他比我强得多。主公如果要干一番大事业，管仲可是个用得着的人。"齐桓公也是个豁达大度的人，听了鲍叔牙的话，不但不治管仲的罪，还立刻任命他为相，让他管理国政。

在管仲的辅助下，齐桓公整顿内政，大开铁矿，多制农具，后来齐国就越来越富强了。

齐桓公之所以能成就霸业，主要是用了管仲之谋。如果齐桓公当时没有容人的气度，把管仲杀了，可能就没有后来齐桓公的宏伟事业。

可见，包容是一种修养，一种境界。正如荷兰哲学家斯宾诺莎所说："心不是靠武力征服的，而是靠爱和宽容大度征服的。"同是面对他人的过错，耿耿于怀、睚眦必报定会带来心灵的负累。真正的仁者会选择一份包容，一份泰然。包容的神奇就在于化干戈为玉帛，化敌人为朋友。

宽容别人也就是善待自己

常言道："海阔不如心宽，地厚不如德厚。"宽容是一种境界，是一种智慧和力量，学会宽容别人，也是善待自己的一种方式，你在宽容别人的同时，也给了自己一个淡然的心态。

一位穷困潦倒的远房亲戚来找张某借钱，说是她丈夫因遇到车祸，脾破裂住进了医院。张某当时从心里无法接受她。见到了她，20多年前的往事又浮现在他的眼前，恨和气使他无法接纳她，真不想让她走进他的家门。因为在20多年前，是他借钱给她的丈夫，她的丈夫才娶了她。当他遇到困难时，而且是急需用钱时，他只想要回借给她丈夫的钱。而她死活不认账，而且当他的母亲代他去表达他的想法，想要回他的钱时，她竟然还动手打了他年近70岁的老母亲。当时他不知道，后来他听了母亲的述说，心里难过极了。钱借给了别人，让老母亲给他去要债，结果老母亲被人家打了。为了母亲，他决定不要这笔钱了。多少年过去了，一提起这件事他仍气愤难平。今天，她竟然还有脸来借钱！

后来，在她吃饭的时候，张某顺手拿起一本杂志坐在客厅的沙发上看，杂志上的一段话给他启发很深：人世间最宝贵的是宽容，宽容是世界上稀有的珍珠。宽容的人，总是在播种阳光和雨露，医治人们心灵和肉体的创伤。同宽容的人接触，智慧得到启迪，灵魂变得高尚，襟怀更加宽广。

等到她吃过饭走进客厅时，张某想：按照她的品行，我不应该

去同情她。但过去的事已经过去了，再提也没有什么意义，何况母亲已经不在了。我怎么能和他们一般见识？我应该学会宽容，做一个宽容大度的人，原谅他们的过错。现在她的丈夫生命垂危，我不能见死不救……然后，他跑进屋里，拿了5000元交给了她。张某诚恳地说："这钱拿去给你丈夫治病，不要你还了。"他知道她无能力还钱，起码在这几年内。另外，张某又给了她价值200元钱的补养品，让她丈夫手术后好好调养。她当时非常震惊和感动，扑通一声就跪在地上，泪流满面地说："叔，我对不起您，我们欠您的钱，包括以前的钱，我这辈子还不了了，我来世还给您，您的大恩大德我一辈子也报答不完，我给您磕头。"张某看到她那个样子，又悲又喜，眼泪情不自禁地流了出来，他的心情是复杂的，说不清是爱还是宽容。

从那件事情以后，他轻松了不少。他想一生中最恨的人，他都原谅了她，还有什么做不到的呢！张某学会了宽容，这让他人生无憾。宽容之于爱，正如和风之于春日，阳光之于冬天，它是人类灵魂里美丽的风景。有了博大的胸怀和包容一切的心灵，宽容自然会散发出浓浓的醇香。宽容能使我们活得轻松，使我们的生活更加快乐。

宽容，不只是一种思想，更是一种可以实践的本质。当你学会宽容别人时，就是学会宽容自己，给别人一个改过的机会，就是给自己一个更广阔的空间。

其实，纷繁的人生千头万绪，随便哪一方面、哪一时刻的有意无意之间，都可能造成人与人之间的隔阂，原本和谐的人际关系会人为地出现一道道鸿沟。但是，天下没有解不开的疙瘩，没有打不破的坚冰，没有过不去的火焰山。只要我们有"海纳百川，有容乃大"的气度，就会避免不必要的伤害。当我们学会换位思考，把重点放在宽容上的时候，就会忽略其中的恶意和偏执。给自己宽容，同时也给别人宽容。

第四章　低调做人，你会一次比一次稳健

放低身价才能提高身价

在当今社会，主张的是个性张扬、才华外露，这固然是人性解放、社会发展的表现。但很多时候，为了以后的发展前途，我们更应该暂时收敛一下自己的锋芒，适当地放低一下自己的姿态。

一家公司招聘业务人员，招聘广告一发，应聘者接踵而来。招聘主管发现，其中一位应聘者资历显赫，非常适合，但对于公司来说，有小庙容不了大佛的顾虑，因此招聘主管对他不抱太大的希望。面谈时，招聘主管也很诚恳地告诉他，依据公司规定，无法给予太高的薪水。没想到他竟然愿意接受不到他原来薪水一半的工资，这让招聘主管有点意外。正式上班后，他并没有表现出出身大企业的骄傲，准时上班，报表填写得清清楚楚，勤跑客户。不久，他的业绩远远超乎大家原本的预期，于是在最短的时间内，公司破格让他晋升，而且大幅度加薪。

经过了解才知道：原来他在前一家公司已当上了主管，工作相当顺利，薪水也十分满意，原以为可以衣食无忧，没想到公司投资失败，老板不知去向，让他们哭诉无门。在此期间，他也曾经因为薪水

无法与自己所要求的相符而怨天尤人，总认为自己怀才不遇。但在经历了一段时间的挫折和沉淀之后，他选择了重新出发，从头开始。

现实生活中，我们只有敢于放低自己的身价，从小事做起，循序渐进，才能为自己日后的成长打下坚实基础，才能为谋求更好的发展际遇增添筹码。

放低自己的身价，也就是放低你的学历、放下你的家庭背景、放下你的工作经验、放下你的身份，让自己回归到"普通人"中。在有些时候，如果你直接把自己定位得很高，会让对方很难接受。这时，你不妨先将自己降低几个层次，从一些小事、基本的事情做起，让对方在这些过程中逐渐认清你的才华，从而自觉地把你放在相应的位置上。

有一位博士在校时成绩很好，老师、同学和家长对他的期望也很高，认为他必能做出一番成就。事实证明，人们没有看错，他的确取得了成就，但不是在仕途上，也不是在跨国公司里，而是开餐厅开出了成就。

毕业后，当他得知家乡的夜市有一个摊子要转让时，他仔细考虑了以后，就向家人借钱，把它买了下来。因为他对烹饪很有兴趣，便自己当老板，开起了饭店。他的博士身份曾招来很多人诧异的目光，但由于人们的好奇，也为他招来了不少生意。而他自己也从未对自己学非所用及高学低用产生过怀疑，依然认真地做了下去。

经过几年的努力，他的餐厅生意红红火火，同时他还搞起了投资，收入比一般人不知高多少倍。

那个博士如果不去开餐厅或许也会很有成就，但无论如何，他能放下博士的架子，还是很令人佩服的。

放下身价天地宽。无论是硕士还是博士，如不能在工作中体现你的知识和技能，那么这一切都毫无意义，工作是检验一个人价值、能力、作用的最好方法，与其做无谓挣扎，不如放低自己的身价，走出一条路来。能够放下身价的人，会比别人更早一步抓到机会，也会比别人抓到更多的机会，因为他没有身价的顾虑。他唯一的顾虑就是如何在放低自己身价的同时，提升个人的价值。

示弱也是一种极大的智慧

所谓示弱，从某种角度上说就是忍耐、退让、宽容。面对无法改变的现实，有时"退一步，海阔天空"。每个人都有自己的个性和棱角，学会示弱便能避免过多的碰撞。示弱往往就表现在相互躲避对方的棱角之处。

在现实生活中，我们都喜欢逞强而不甘示弱。我们宁可两败俱伤，也不愿向对方低下头。但冷静下来，我们不难发现，在强手如林的社会竞争中，我们常因争强好胜，而忽略了示弱，从而使自己举步维艰。

杜预是西晋平灭东吴，完成统一大业的第一功臣，也是一个深明以强示弱精髓的人。当时，杜预被封为当阳侯，担任荆州刺史，成为手握重兵、权倾朝野的实力派人物。就在人们都满怀崇敬地对他投以仰视的目光时，杜预却多次向朝廷上书，说自己家族世代为文吏，武将并非本行，请求交出兵权，退职为文，但都没有得到武帝的批准。

照理说兵权在手，杜预已经没有什么好惧怕和担心的了，可他的下属们却发现一个奇怪的现象：每逢过年过节，他们的统帅都要亲自打点一些贵重礼品，并且亲书慰问信，给晋武帝身边的宠臣送去。属下十分不解，杜预淡淡地说："我给他们送礼，不是想向他们索取什

么好处，只是让他们不要背后下刀子，陷害我就行了。"见下属还是不太明白，他又解释说："我现在手握重兵，镇守在外，难免遭人嫉妒。现在我以一个弱者出现，便会消除别人的忌恨，省去许多麻烦。'弱'的妙处还有很多，只是人们视而不见罢了。"

示弱，从表面上看来给人以一种懦弱和畏惧的感觉，但事实上并非如此，有时，适当地示弱，也是一种做人的哲学，是人生的大智慧、大境界。生活中向人示弱，我们可以小忍而不乱大谋；工作中向人示弱，我们可以收敛触角并蓄势待发。强者示弱，可以展示你的博大胸襟，赢得更多人的喜爱。弱者示弱，可以让你变得愈发强大，而不让你在未强大之前，因四面受敌而伤痕累累。

适时示弱是一种生存智慧，也是一种获取成功的手段。强者示弱，不但不会降低自己的身份，反而能赢得别人的尊重，留下"谦虚、和蔼、平易近人、心胸宽广"等美名。

总之，示弱是一种心态，是一种境界，更是一种大智慧，它会赋予我们平和的生活态度，也会让我们更多地发现生活的美好。

不要过分张扬自己的个性

时下虽然是一个张扬个性的时代，各种媒体也都在宣扬个性的重要性，张扬个性肯定比压抑个性舒服。但是如果张扬个性仅仅是一种任性，仅仅是一种意气用事，甚至是对自己的一种放纵的话，那么，张扬个性对我们肯定是没有好处的。

李先生毕业于北京某名牌大学，有过硬的管理才能和游刃有余的公关能力，但有一个缺点：争强好胜且易冲动。他毕业后像许多南下寻梦者一样南下"淘金"。

他被一家大型合资企业相中，负责公司的宣传工作，当时他自己也这样考虑：应该好好干出一番事业来。刚进企业，写出来的文件颇受老总喜欢，老总多次当众夸奖他。但半年后，与他一起来的两个同事都升了，唯有他的位置没有动，于是他心里不免有点不平衡了，最后他与人事部经理当面冲撞起来。

按他的说法："我豁出去了，不成功，便走人。"冲撞之后，老总找他谈话，意味深长地说："小李，请给我一个认识和了解你的机会。"老总准备考察他一年半载，然后再提拔他为公司的公关部经理。年中薪资调整，他的工资翻了将近一番。这一变化带来的成功和喜悦没能维持多久，李先生又有了新的不平衡。因为与他一起进来的同事又有了新变化，要么升职要么跳槽，而他仍旧原地踏步。

他觉得耐心和等待没有结果，于是又变得任性孤傲起来。一次休息日公司通知他加班，他为了维护自己的"权益"而严词拒绝了，使公司高层领导对他产生了极坏的印象，老总终于没有耐心继续考察他了。从此他被打入冷宫，后来，他自己觉得无趣，就主动辞职了。

纵使你才华横溢，也要一步步向上攀。如果你显露出张狂的个性，企图一步登天，那么，你将摔得更加惨重。一个成熟的人应该懂得把握自己，懂得不断修整自己的个性。

在现实生活中，有许多人个性张扬，率意而为，不会委曲求全，结果往往是处处碰壁，而涉世渐深后，才知道了轻重，分清了主次，学会了内敛。

其实，岁月带给我们的绝不应该只是表面的成长，而应是底蕴的增

加，张扬不应该是浮华的较劲、物欲的比拼，而应该是低调的深沉、儒雅、宽容和理解。

有些人常常说："走自己的路，让别人去说吧！"但作为一个社会中人，我们真的能那么洒脱吗？社会是一个由无数个体组成的群体，我们每个人的生存空间并不大。所以当你想伸展四肢舒服一下的时候，必须注意不要碰到别人。当我们张扬个性的时候，必须考虑到我们张扬的是什么，必须注意到别人的感受和接受程度。如果你张扬的这种个性是对别人人性的压抑和欺负，那么你最好的选择是收敛它，而不是去张扬它。

社会需要的是被公众接受的个性，只有你的个性融合到创造性的才华和能力之中才能被社会接受。如果你的个性没有表现出一种相容性，仅仅表现为一种脾气，它往往只能给你带来不好的结果。所以，我们不要过分张扬自己的个性，要学会低调做人。

过于张扬，烈日会使草木枯萎；过于张扬，滔滔江水会决堤；过于张扬，好人也会变得疯狂。做人不张扬，就要学会不喧闹、不矫揉、不造作、不呻吟、不假惺惺、不卷入是非、不招人闲、不招人忌……不张扬就要自我束缚，将个性引到正确的方向上来，而不是故步自封。即使你认为自己满腹才华、能力比别人强也要学会藏拙，这样才能在激烈竞争的社会中走上通往成功的阳光大道。不显眼的花草少遭摧折，只有低调，才能心无旁骛，专注做好眼前的事，才能成就未来。

不要抢了上司的风头

在现实生活中，总有一些人自命不凡或者自作聪明，希望通过在上司面前展示自己的才能来获得好评。殊不知，这种自我表现很可能会抢了上司的风头。所以，在你渴望取悦上司、令上司印象深刻的同时，可不要太过火地展现你的才华，否则可能达到相反的效果——激起上司的畏惧和不安。

王强跟随吴总工作多年，在创业期间，两人共同经历了很多困难，经过多年的努力，吴总的公司终于走出了困境并开始盈利形成良性循环。

最近一件事让吴总对王强大为光火，这段多年的宾主关系面临断绝。某杂志社的记者到公司采访吴总的商业成功经验，需要找人对吴总做一些侧面的了解，公司安排了王强接受采访。兴奋不已的王强不假思索地把过去他和吴总创业过程中的很多不应该公开的东西都告诉了记者，并且刻意夸大自己在公司中的地位和功劳。文章刊登后，看到杂志的老吴胸中揣了一股无名火，长时间以来对王强不知分寸、不分尊卑的不满终于忍无可忍，于是暗中找了个借口把"大嘴巴"王强的职位和待遇都降了。王强认为吴总忘恩负义，两人关系从此断绝，没多久，王强便气愤地离开了吴总的公司。

身处职场之中，争强好胜，努力表现自己本没什么错，但如果你两眼一抹黑地去抢上司的风头就太不明智了。因为上司之所以成为上司，自有

他的过人之处。在克服了数不清的艰难之后，会有一种无论在任何场合都想做主角的欲望，所以，若有出风头的机会或场合，请不要忘了将上司推到前面。

在职场中，一些自命不凡、喜欢炫耀的员工，总会处处表现出自己的不凡，习惯性地抢上司的风头，甚至表现得比上司更像上司。这其实是不成熟的表现，会令上司讨厌的。

通常情况下，上司都希望部下个个精明能干，能独当一面，但也有一部分的上司不希望部下比自己强。如果你遇到的上司是一位超凡脱俗的人，他会把你看作一位不可多得的人才，将会奉你为座上宾；如果你遇到的上司是嫉贤妒能之人，那他将会把你看作他的竞争对手，心腹大患，你将面临一场严峻的考验。所以，当你取得一定成绩时，最好把功劳让给上司，不居功自傲，这是明智的选择。

江涛是某杂志社的编辑，他很有才气，由他主编的栏目很受读者欢迎，有一次，还得了创新奖。一开始他还很高兴，但过了一段时间，他却发现上司最近常给他脸色看。

事情是这样的：江涛得了创新奖，受到了上级领导的好评，因此除了新闻部门颁发的奖金之外，还另外给了他一个红包，并且当众表扬他工作出色，夸他是块主编的料。但是他只强调了自己在公司的作用，并没有现场感谢上司和同事们的协助，从此他的上司处处为难他。原来，江涛的锋芒已经盖过了他的上司，让上司产生了戒备的心理。

按常理来说，杂志之所以能得奖，江涛贡献最大，但是当有好处时，别人并不会认为你才是唯一的功臣，总是认为自己"没有功劳也有苦劳"，所以江涛的锋芒，当然就引起别人的不满了，尤其是他的上司，更因此而产生不安全感，害怕失去权力，为了巩固自己的领导地位，江涛自然就没有好日子过了。遗憾的是，江涛一直没弄清原因，结果三个月后就因为待不下去而辞职了。

由此可见，上司最忌讳手下的员工自表其功，自矜其能。这很容易会遭到上司的猜忌、排斥和嫉恨。如果你能在用汗水和心血换来功劳的同时，不忘上司的提拔与支持，不抢风头，不功高震主，你将避免遭到上司的嫉妒。所以，不要显示你的才华高于上司。有功不忘上司，出风头的机会尽量给上司，千万别抢了上司的风头。

夹着尾巴好做人

"夹起尾巴"本是猴子王国的法则，猴子为王时，尾巴总是翘着的，但是被新猴王打败后，只能像其他猴子一样，夹起尾巴来。后来有人将它引申为一种为人处事的态度——夹着尾巴好做人。就是说，无论什么时候，做人做事都不要张狂，务必不骄不躁、谦虚谨慎。无论你取得了多么大的成就，都不能夜郎自大，目中无人，尾巴翘到天上去。对普通人是如此，对那些功成名就的人来说也是如此。如果不懂得"夹起尾巴"，一味不遗余力地表现自己，过分张扬、卖弄，那么不管你多么聪明，都难免会遭到明枪暗箭的打击，甚至会给自己招来杀身之祸。

三国时的许攸，本来是袁绍的部下，虽说是一名武将，却足智多谋。官渡之战时，他为袁绍出谋划策，可袁绍不听，他一怒之下投奔了曹操。曹操听说他前来投靠，高兴得还没来得及穿鞋，就光着脚出门迎接了，抚掌大笑道："足下远来，大事成矣！"可见曹操对他的器重。

后来，在击败袁绍、占据冀州的战斗中，许攸又立下了大功，他自恃有功，在曹操面前便开始不检点起来，有时，他当着众人的面直呼曹操的小名，说道："阿瞒，要是没有我，你是得不到冀州的。"曹操在众人面前不好发火，强笑着说："是，是，你说得没错。"但心中却十分忌恨，然而许攸并没有察觉，依旧继续信口开河。

一次，许攸随曹操来到邺城东门，他对身边的人自夸道："曹家要不是因为我，哪能从这个城门进进出出啊！"

曹操终于忍耐不住，将他杀掉了。

许攸是个出类拔萃的人，可是他的目中无人、恃才傲物，将其才气完全掩盖，最终给自己带来了杀身之祸。

一个人如果不懂得"夹起尾巴"，得志猖狂，得意忘形，招摇过市，就会不招人喜欢，也容易遗人把柄，最终遭人遗弃。所以，当你春风得意时，切不可趾高气扬，不可一世。不要忘了尾巴翘得越高，离危险就越近。只有夹紧尾巴做人，才是趋利避害之道。

中国历史上明王朝的建立，大将军徐达功不可没。"指挥皆上将，谈笑半儒生"的徐达，儿时曾与朱元璋一起放过牛。在其戎马一生中，有勇有谋，用兵持重，为明朝的创建和中国的统一立下赫赫战功，是中国历史上著名的谋将帅才，他也深得朱元璋的宠爱。但是，就是这样一位战功赫赫的人，却从不居功自傲，并且懂得夹着尾巴做人。

徐达每年都是春天挂帅出征，暮冬之际还朝，回来后立即将帅印交还，回到家里过着极为俭朴的生活。按理说，这样一位儿时与朱元璋一起放过牛的至交，且战功赫赫，甚至还娶了朱元璋的次女，完全可以享清福了。朱元璋也在私下对他说："徐达兄建立了盖世奇功，从未好好休息过，我就把我过去的旧宅邸赐给你，让你好好享几年清福吧。"可徐达就是不肯接受。万分无奈的朱元璋只好请徐达到旧邸饮酒，将其灌醉，然后蒙上被子，亲自将其抬到床上睡下。徐达半夜酒醒，问周围的人自己住的是什么地方，内侍说："这是旧内。"徐达大吃一惊，连忙跳下床，俯在地上自呼死罪。朱元璋见其如此谦恭，心里十分高兴，命有关部门在此旧邸前修建一所宅第，门前立一石碑，并亲书"大功"二字。

俗话说，"谦受益，满招损"，真正聪明的人善于韬晦，深知"夹起尾巴好做人"的道理。

时代发展到今天，越来越多的人可能忽略了"夹起尾巴做人"的重要性，很多人甚至已经忘记了它的存在，但它却是做人的一种修为。"夹着尾巴做人"，就是要在荣誉和成就面前，保持一种正确人生态度。有了"夹着尾巴做人"这样一种心态，我们才不会在荣誉和成就面前迷失方向，也不会让昨天的荣誉和成就成为今天的负担，更不会让得到的荣誉和成就成为前进路上的羁绊。

其实，"夹尾巴"的过程就是改造自己的过程，就是自我完善的过程。不管我们多么有才华、有能力，都要辩证地看待自己，正确地评估自己，无论处在什么位置，都不要傲慢与张狂。只有学会低着头走路，夹着尾巴做人，才能成大器。

在低调中修炼自己

俗话说：地低成海，人低成王。低调做人是一种处世作风，更是一种人生的哲学。有这样一副对联，写得十分有趣，可以说是道出了低调做

人的真谛。上联是：做杂事兼杂学当杂家杂七杂八尤有趣；下联是：先爬行后爬坡再爬山爬来爬去终登顶；横批是：低调做人。高山不言是一种稳重，大地无语是一种内涵，大海低调自是一片宽广，松竹低调自是一种坚韧，蓝天沉静是一种宁静的力量，月亮低调自是一片皎洁，梅兰低调自是一种傲骨，做人低调则是一种睿智。

低调是一个人成熟的标志，是为人处事的一种基本素质，也是一个人成就大业的基础。我们做人应该尽量低调，在低调中修炼自己。

三国时期，流传有"卧龙、凤雏，得一人而安天下"的说法。即魏、蜀、吴三国，不论哪个国家得到卧龙或凤雏其中一人即可夺得天下。凤雏是指庞统，而卧龙就是指诸葛亮。可见，庞统和诸葛亮的本事是不相上下的。但是庞统生得怪异，不太令人喜欢，他投奔吴国，但孙权没有留用他。于是，他就去蜀国投奔刘备，此时庞统怀有诸葛亮的推荐信，如果庞统见到刘备呈上诸葛亮的信件，定会得到重用，但庞统见刘备时并没有呈上这封信，只是以一个平常谋职者的身份求见的，因此，刘备也没有重用他，只是让他去治理一个小县。

身怀治国安邦之才的庞统欣然地接受了这个一般人瞧不起的职位，他这样做，不是他不想施展自己的雄才大略，而是他深知低调做人的道理。他不想太早显露自己的本领，他要在低调中修炼自己的本性。因为他知道，靠人推荐不足以服众人。

有一次，刘备对庞统所管辖的耒阳县的政务产生了质疑，便派张飞去查探实情。庞统当着张飞的面，将一百多天积压的公案，不到半日即处理得干净利索，曲直分明，令人心服口服，使张飞大为惊讶。试想刘备听到张飞的禀报后，对庞统的才华能不暗自佩服吗？庞统刚开始不露真本事，以低姿态入场，在可以一显身手的时候，才将自己"卖了"个好价钱——副军师中郎将。

　　由此可见，低调是一种生存的大智慧，是一种韧性的技巧，是做人的一种美德。低调做人，凡事不张扬，实乃做人的至高境界。无论在官场、商场还是政治军事斗争中，低调做人都是一种进可攻、退可守，看似平淡，实则高深的处世谋略。

　　在现代社会中，低调做人更容易被人接受，显露锋芒则容易招来祸害。事实上，低调是一种大智慧，它不是自卑，不是怯懦，不是软弱，不是无能，不是退缩，而是清醒中的嬗变、理智中的圆滑、愚钝中的机智。

　　低调是一种智慧。智慧不等于智商，有着很高智商的人，不一定懂得低调做人。在现实生活中，最惹眼的，最能引起别人注意的，都是那些自我表现欲很强的人，但他们都活得很累；而低调的人，总是默默地在低调中做自己的事，怡然自乐。

　　低调做人，是一种品格，一种姿态，一种风度，一种修养，一种胸襟，一种智慧，一种谋略，是做人的最佳姿态。在低调中修炼自己，就是要学会低调做人，就是要不喧闹、不矫揉造作、不故作呻吟、不假惺惺、不招人嫌、不招人嫉，即使你认为自己满腹才华，能力比别人强，也要学会不露声色。张扬和显示自己，那只是肤浅的行为，只会让自己陷入尴尬的境地。

　　总之，低调做人是在社会上加固立世根基的绝好姿态。低调做人，不仅可以保护自己、融入人群，与人们和谐相处，也可以让人暗蓄力量、悄然前行，在不显山露水中成就事业。

第五章　乐观做人，打造平衡心态

快乐源于你的内心

快乐是一种习惯，是一种发自内心的情感，是一种清澈的美妙的内心感受。庄子认为：生命本应是乐天而无欲的，真正的快乐是生命本性的自然流露，来源于自己的精神，而不被外物所影响。

快乐的心情是简单的。快乐不需要太多的诠释和想象。真正的快乐，是来自内心深处的一种持久的安详和喜悦。

快乐并非取决于你是什么人，或你拥有什么，它完全来自于你的思想，你心中注满希望、自信、真爱与成功的想法，你就会快乐了。假如你下决心使自己快乐，你就能够使自己快乐！快乐无须理由，它本身就是理由！

人人都希望人生快乐，也都在努力编织快乐人生。快乐是一种心情，是一种感觉，它需要我们去感知，去捕捉，去发现。如果我们能够认真地过好自己的每一天，用心地去感受生活中的点点滴滴，就能寻求到快乐，生活也一定会更加快乐充实。

著名哲学家苏格拉底是单身汉的时候，和几个朋友在一起，住在一间只有七八平方米的房间里，他一天到晚总是乐呵呵的。有人问他："那么多人挤在一起，连转个身都难，有什么可乐的？"苏格拉底说："朋友们在一起，随时都可以交换思想，交流感情，这难道不值得高兴吗？"

过了一段时间，朋友都成了家，先后搬了出去，屋子里只剩下苏格拉底一个人。每天，他依然开心。那人又问："你一个人孤孤单单，有什么好高兴的？"苏格拉底说："我有很多书啊，一本书就是一个老师。和这么多老师在一起，时时刻刻都可以向老师请教，这怎能不令人高兴呢？"

几年后，苏格拉底也成了家，搬进了一座楼里，这座楼有六层，他家住一楼。一楼不安静，不安全，也不卫生，上面老乱扔东西下来。可他还是一副喜气洋洋的样子。那人又问他："你住这样的地方，也感到高兴吗？"苏格拉底说："你不知道住一楼有多少好处啊，比如进门就是家，不用爬楼；搬东西方便，不用花大力气；朋友来访，不用四处打听……这些妙处啊，简直没法说。"

过了一年，苏格拉底把一楼让给了一位腿脚不方便的朋友，自己住到了顶楼。顶楼夏晒冬冷，爬起来还累，但他依然快快活活。那人不解地问："住顶楼有什么好处？"苏格拉底说："好处多哩。如每天下楼可以锻炼身体，看书时光线好……"

后来，那个人又问苏格拉底："你总是那么快乐，可我却感觉到你每次所处的环境并不那么好啊！"

苏格拉底说："决定自己心情的，不在于环境，而在于心境。"

快乐是一种生活态度，一种生活习惯。快乐的生活需要快乐的心情，而快乐的心情是需要自己营造的，快乐的心情从哪里来呢？快乐的心情从我们的生活中来。生活需要快乐的心情，快乐心情又来自生活。

心理学家说："我们的生活有太多不确定的因素，你随时可能会被突如其来的变化扰乱心情。与其随波逐流，不如有意识地培养一些让你快乐

的习惯，随时帮助自己调整心情。"所以，生活中别忘了时时享受快乐，拥有了快乐就拥有了幸福。

不要为了小事而生气

生活中，我们经常看到人们愁眉苦脸，抑郁伤感，发脾气，说起来不过是为了一些微不足道的小事。人生是多么的短暂，因一些鸡毛蒜皮、微不足道的小事而耿耿于怀，为这些小事而浪费你的时间、耗费你的精力是不值得的。

在一望无际的大沙漠中，有一只骆驼有气无力地向前走着。正午的太阳简直就是一个大火球，把骆驼晒得又饿又渴，焦急万分。装了一肚子火的骆驼正不知该往哪儿走时，它的脚掌被一块小小的玻璃片硌了一下，骆驼顿时火冒三丈，它抬起脚狠狠地将碎玻璃片踢了出去，却不小心将脚掌划开了一道深深的口子，鲜红的血顿时把沙粒给染红了。

气呼呼的骆驼因为疼痛一瘸一拐地向前走着，身后留下了一串血迹，血迹引来了空中的秃鹫。它们在骆驼上方的天空中不停地嘶叫和盘旋着。骆驼心里一惊，不顾伤势狂奔起来。极速的跑动使伤口不断地撕裂，血也越流越多，在沙漠上留下了一条长长的血痕。当骆驼跑到沙漠边缘时，浓重的血腥味儿又引来了附近的沙漠狼，疲惫加之流血过多，无力的骆驼像一只无头苍蝇一样东奔西突，仓皇中跑到一处食人蚁的巢穴附近。鲜血的腥味儿惹得食人蚁倾巢而出，黑压压地向骆驼扑过去。就在一刹那，食人蚁就像一块黑毛毯一样，把骆驼裹了个严严实实。一会儿工夫，那只可怜的骆驼就满身是血地倒在了地上。

这只骆驼追悔莫及地叹道："我为什么跟一块小小的碎玻璃片生气呢?"临死前才明白不应该为一些小事而生气,这只骆驼显然明白得太晚了。

现实生活中,让人生气令人发怒的事也许会随时发生,而作为一个理智的人,为了安宁地、更好地工作和生活,处理各种不愉快,就需要忍气制怒,如果不忍,任意地放纵自己的感情,首先伤害的是自己。

人生总会有生不完的气。既然如此,何不更旷达地面对人生,少为一些无关紧要的小事去生气,多找一些快乐,过好珍贵的每一天。

英国著名作家迪斯雷利曾经说过:"为小事生气的人,生命是短暂的。"如果你真正理解了这句话的深刻含义,那么你就不会再为一些不值得一提的小事情而生气了。

我们在任何时候都应该是沉着冷静的,不要为一件微不足道的小事而生气,生气与烦恼只是展现自己面对困难时的无能而已,只有沉着与冷静才是面对困难并消灭困难的最好办法。所以说,我们不应让一些小事影响了自己的心情,我们应该用豁达的心态去面对它们,这样才会每天拥有快乐。

凡事往好处想,心情自然好

有这样一个故事:

一位秀才第三次进京赶考,住在一个旅店里。

考试前两天他做了三个梦,第一个梦是梦到自己在墙上种白菜,

第二个梦是下雨天，他戴了斗笠还打伞，第三个梦是梦到自己跟心爱的表妹脱光了衣服躺在一起，但是却背靠着背。

这三个梦似乎有些深意，秀才第二天就赶紧去找算命的解梦。算命的一听，连拍大腿说："你还是回家吧。你想想，高墙上种菜不是白费劲吗？戴斗笠打雨伞不是多此一举吗？跟表妹都脱光了躺在一张床上了，却背靠背，不是没戏吗？"

秀才一听，心灰意懒，回店收拾包袱准备回家。店老板非常奇怪，问："不是明天才考试吗，今天你怎么就回乡了？"秀才将事情一五一十地跟老板说了，店老板乐了："哟，我也会解梦的。我倒觉得，你这次一定要留下来。你想想，墙上种菜不是高中吗？戴斗笠打伞不是说明你这次有备无患吗？跟你表妹脱光了背靠背躺在床上，不是说明你翻身的时候就要到了吗？"

秀才一听，更有道理，于是精神振奋地去参加考试，居然中了个探花。

人的心态随时随地都可以转化，有时可以转好，有时可以转坏。如果你想好事，心情就立即可以变好；如果你想坏事，心情马上就可以变坏。

美国著名的心理学家威廉·詹姆斯说："我们这一代人最重大的发现是：人能改变心态，从而改变自己的一生。"人生的成功或失败，幸福或坎坷，快乐或悲伤，很大程度上取决于心态。因为我们怎样对待生活，生活就怎样对待我们。

凡事往好处想，就会看到希望，有了希望才能增添我们生活的勇气和力量。

古时有一位国王，梦见山倒了，水枯了，花也谢了，便叫王后给他解梦。王后说："大势不好。山倒了指江山要倒；水枯了指民众离心，君是舟，民是水，水枯了，舟也不能航行了；花谢了指好景不长了。"国王惊出一身冷汗，从此患病，且愈来愈重。一位大臣参见国王，国王在病榻上说出了他的心事，哪知大臣一听，大笑说："太好了，山倒了指从此天下太平；水枯了指真龙现身，国王，你是真龙天子；花谢了，花谢见果子呀！"国王听了全身轻松，很快痊愈了。

　　有些人总是喜欢说，他们现在的状况是别人造成的，环境决定了他们的人生位置，许多事情他们无法摆脱。这是因为他们从未真正地往好的方面想过，他们总是悲观失望，有时即使有好的想法，也马上会被自己所否定。说到底，如何看待人生，全由我们自己决定。德国纳粹某集中营中的一位幸存者维克托·弗兰克尔说过："在任何特定的环境中，人们还有最后一种选择，那就是选择自己的态度。"

　　生活中很多情况就是如此，只要转变一下思考方式，改变了看问题的心态，结果就会大不相同。

　　凡事都往好处想，做人也会开心的。凡事都往好处想，说起来容易，做起来难。有些人活在世上，恰恰总是把事往坏处想，结果使自己整天处在高度紧张、猜疑、惊恐、戒备、争斗之中，具有这种心态的人，还能开心吗？把事情往好处想，这是开心的一个秘诀！

　　凡事往好处想并不是解决一切问题的灵丹妙药，而是一种健康积极的人生哲学。有了它，也许问题并不会减少，但我们却找到了问题的正确解决方向。所以，我们应该树立乐观的人生态度。凡事都往好处想，就会以镇定从容的心态享受生活，就可以准确找到生活的乐趣，从而展示生命的风采。

每天都要有一个好心情

什么是快乐？快乐是一种感觉，是一种好心情。拥有好心情，就是一种福分。

世上没有不快乐的人，只有不肯快乐的心。你必须掌握好自己的心态，对它下达命令，让它快乐起来。一位智者说："妥善调整过的自己，比世上任何君王更加尊贵。"由此可知，妥善调整过的自己，比什么都重要。任何时候都必须明朗、愉快、欢乐、有希望，勇敢地掌握好自己的心舵。

曾经有两个人跟随着团队来到荒凉的沙漠中工作，他们放眼四望，一个看到的是满目黄沙，一个看到的是万点星光。面对同样的地方，前者持一种悲观失望的灰色心态，看到的自然是满目苍凉、毫无生气；而后者持一种积极乐观的明快心态，看到的自然是星光万点、一片光明。

有人曾经问过一些饱受磨难的人是否总是感到很痛苦和悲伤，有的人答道："不是的，相反，回忆它很快乐，甚至今天我还有时因回忆它而快乐。"为什么呢？这是因为他从心理上战胜了磨难，他从磨难中得到了生活的启示，他为此而快乐。

好的心情不是与生俱来的，不会从天而降，更不会一蹴而就。他是一个人的品质、人格、道德修养；好的心情，来源于一个人宁静、广博、透明的心。世间百态，物欲横流，不为诱惑所动，不为攀比所烦，自然心情就会好。好心情相伴一生，这才是人生最大的财富。

有一次，一位国内著名的美容师举办了一个美容讲座。大家都被这位吐字清晰、满脸笑容的美容师所吸引。

在讲座中，有人提了这样一个问题："您这么年轻就成了如此出色的美容师，真是了不起。不好意思，请问您的芳龄是多少？"

"大家猜猜看。"美容师笑着说。

室内气氛顿时活跃起来，有的说："32 岁。"有的猜："28 岁。"结果统统被美容师微笑着摇头否认

"现在，我来告诉大家，我只有18 岁零几个月。"

美容室内哗然，继而，发出一片不信任的惊诧声。

"至于这零几个月是多少，请大家自己去琢磨吧，也许是几个月，也许是几十个月，或者更多。但是，我的心情只有18 岁！"美容师接着说。

她的话让大家的心情为之一畅，每一个人的脸上都放射出了光彩，好像每一个人都年轻了几岁。多么好的心情美容法！

如果一个人的心情是灰暗忧郁的，再昂贵的化妆品也掩饰不住她满脸的愁云，再高超的美容师也无法抚平她紧锁的眉头；反之，心情是快乐的，即使素面朝天也会显示出女性的柔美。

故事中的美容师因为永远都保有18岁的心情，所以她容颜不老，她青春永驻，所以她才能笑对人生。

一份好的心情可以让人一生受用，有了好的心情，不仅可以改变自己，同时也可以不断地感染其他人，让世界都为之快乐起来。

生于尘世，我们每一个人都不可避免地要经历凄风苦雨，面对艰难困苦，一份好的心情，将直接决定你的人生轨迹。

好的心情会给生命注入活力，使人从痛苦、贫困、难堪的处境中超越出来。虽然我们每个人的人生际遇不同，但是命运对每一个人都是公平的。天上既有满天的乌云，也有满天的星星，就看你能不能磨炼出一颗坚强公平的心，有一颗快乐的心，就能够有一种快乐的人生。

再苦再累也要笑一笑

美好的生活要靠自己去创造，与其苦苦抱怨现实的不如意，不如细心体会眼前实在的快乐。俗话说：笑一笑，十年少。高尔基也说过："只有爱笑的人，生活才能过得更美好。"生活即使再苦，我们也要微笑着面对生活，能以苦为乐的人，才会发现希望。

在我们的一生中，谁都会遇到诸多不顺心的事。个性悲观消极的人在遇到困境时，看不到光明，抱怨天地的不公，甚至破罐子破摔，在精神上倒下；而个性积极乐观的人在遇到困境时，能够泰然处之，认定活着就是一种幸福，无论是顺境还是逆境，都一样从容安静，积极寻找生活的快乐，不浪费生命的一分一秒，在黑暗之中向往光明，在精神上永远不倒。

凡·高在成为画家之前，曾到一个矿区当牧师。他第一次和工人一起下井，要下到地下200米处，他待在升降机中，渐渐地陷入了巨大的恐惧之中，感到心跳都停止了：一切都在颤颤微微，铁索轧轧作响，箱板左右摇晃，所有的人都默不作声，听凭机器把他们运进一个深不见底的黑洞。这是一种进地狱般的感觉。

事后，凡·高问一个神态自若的老工人："你们是否已经习惯了这一切，不会再感到恐惧了吗？"这位坐了几十年升降机的老工人答道："不，我们永远不习惯，永远感到害怕，只不过我们学会了微笑着面对这一切。"凡·高听后再也不感到害怕了，他感到自己的心也在笑着面对这一口黑黑的深井。

名人这样，普通人也该一样。成功人士再苦也要笑一笑，而我们普通人同样能够做到面对艰苦笑一笑，苦中作乐不是自我麻痹，不是消极退却，而是以苦为乐来达到积极的目的。

人生之路不可能一帆风顺，痛苦和失败在所难免，我们要坚持积极、乐观地迎接生活的每一天，用微笑面对灾难，我们会变得更加坚强。

面对当今越来越复杂的社会，在背负巨大心理压力的同时，我们必须面对各种艰苦的现实，能否在苦难中找到快乐，取决于我们内心是否强大。"谁也别想把黑暗放在我面前，因为太阳就生长在我心底。"这句歌词道出了快乐的真谛。微笑面对生活，生活会更有滋味，人生会更加丰富多彩。生命是美丽的，生活是美好的，只有我们笑对生活，才能深刻领悟人生的真谛，才能谱写人生华丽的乐章。

快乐是自己选的，烦恼是自己找的

生活中到处充满了选择。有人说过："快乐是自己选的，烦恼是自己找的。"所以说只要你愿意选择快乐，那你就一定是快乐的。

人生如梦，岁月无情，人活着是为了一种心情，穷也好，富也罢，得也好，失也罢，只要心情好，一切都好。所以说，快乐是一种心情，它并不因为人们财富的多寡、地位的高低而增减，全部的奥秘只在内心，那就是快乐。

从前，有一个富商，生意做得很大，生活非常富裕，虽然雇了许多用人伺候他，但是日子过得并不怎么快乐。紧挨他家高墙的外面，住着一户穷人，夫妻俩以捡破烂为生，虽说清贫辛苦，却有说有笑，快快乐乐。富商想不明白："为什么家里锦衣玉食，自己还不如隔壁

捡破烂的穷夫妻，他们虽然穷，可他们的快乐值千金！"

于是，富商去请教附近寺庙里的老和尚。为了让富商弄清原因，老和尚给富商出了一个主意。富商听完后便依计行事。到了半夜，他悄悄地来到院墙边，把一块金元宝扔到了隔壁的穷人家里。

第二天早晨，穷苦夫妻在院子里发现了金元宝，这个贫穷的家庭顿时变得紧张起来。他们不明不白地捡到一只金元宝，心情大变，揣测这钱的来路，又琢磨能否再弄到更多的钱。商量来商量去，夫妻俩说发财了，不想再捡破烂了，干点什么呢？可一日暴富，又担心被左右邻居误以为偷窃了钱财。如此这般，他们三天三夜茶饭不思，寝食不安。自此，富商再也听不到他们的歌声和欢笑了。

人人都希望人生快乐，也都在努力编织快乐人生。然而，金钱和权力并不与快乐和幸福成正比。有些人只有很少的钱，但一样快乐。也有些人身家丰厚，但也不见得终日笑口常开。

快乐是人生永恒的主题，是人天生就喜爱的东西，生活中如果缺少了快乐，就会如同饭菜中没有了盐一样，缺乏了最基本的味道。而一个人快乐与否，不在于他拥有什么。一个真正懂得主宰自己生活的人，绝不会为自己没有的东西悲伤，反而会为自己已经拥有的东西快活和喜悦。乐观豁达的人，能把平凡的日子变得富有情趣，能把沉重的生活变得轻松活泼……这时候，快乐已经来临。而悲观懊丧的人，则总是把烦恼表达在嘴上，总是把苦难书写在脸上，总是把忧愁闷在心上……这样，快乐必然会逃之夭夭。

快乐需要发现，需要挖掘，也需要创造。一个人只有时刻保持幸福快乐的感觉，才会使自己更加热爱生命，热爱生活。只有快乐、愉快的心情，才是创造力和人生动力的源泉；只有不断创造快乐的人，才能远离痛苦与烦恼，才能拥有快乐的人生。

下篇 会办事

第一章　打破常规，灵活转变做事的思路

变通才能有所突破

所谓变通，就是指在处理各种事物时要善于变化和选择而不是墨守和拘泥，从而达到变则通、通则灵、灵则达、达则成的理想效果。

战国时期，秦国有个人叫孙阳，精通相马，无论什么样的马，他一眼就能分出优劣。他常常被人请去识马、选马，人们都称他为伯乐。

后来，为了让更多的人学会相马，孙阳把自己多年积累的相马经验和知识写成了一本书，配上各种马的形态图，书名叫《相马经》。目的是使真正的千里马能够被人发现，"马尽其材"，也为了自己一身的相马技术能够流传于世。

孙阳的儿子看了父亲写的《相马经》，以为相马很容易。他想，有了这本书，还愁找不到好马吗？于是，他就拿着这本书到处找好马。他按照书上所画的图形去找，没有找到。他又按书中所写的特征去找，最后在野外发现一只癞蛤蟆，与父亲在书中写的千里马的特征非常像，便兴奋地把癞蛤蟆带回家，对父亲说："我找到了一匹千里

马，只是马蹄短了些。"父亲一看，气不打一处来，没想到儿子竟如此愚蠢，悲伤地感叹道："所谓按图索骥也。"

无独有偶。有一个书生，性情孤僻，好讲过去的章法，实际上都迂腐得不能实行。有一天，他偶然弄到一本古代兵书，研读之后，自称能带10万兵。恰好当时有土匪，他自己练兵和土匪较量，结果大败，他自己也差一点儿被活捉了去。

后来，他又弄到一本古代讲水利的书，钻研了有一年时间，自吹可以使千里之地成为沃土，画了图游说州官。州官也好事，就叫他在一个村子里试验。刚挖好了沟渠，洪水来了，顺着沟渠灌了进来，整个村子都被淹了。

从此，他便抑郁想不开，常常在庭院中独自踱步，摇头自语道："古人能欺骗我？"每天叨咕千百遍，只有这6个字，不久，他发病死去。后来在风清月白的晚上，常见他的魂在墓前的松柏下摇头踏步。仔细听去，嘴里念叨的还是这6个字。有人笑出了声，他的魂就突然消失了。第二天，他的魂还和前一天晚上一样，在摇头踏步。

这两个故事告诉我们，做事一味地生搬硬套，不懂得适时变通，往往会让人四处碰壁，陷入困境。所以说，生活中，我们只有学会灵活地变通，才能找到处理问题的最佳办法。

孔子与弟子云游于郑，被反对儒学的一个权贵抓住，要求他们立刻离开郑地，并且保证再也不传播儒学，不然杀头。弟子都很为难，只见孔子毫不含糊地当场保证，而后立刻上路。但当他们一离开郑地，就马上着手讲学事宜。弟子很不解地问老师："老师不是教我们讲诚实信用吗？既然已经保证了不再讲学……"孔子哑然笑了："请问儒学有没有错？没有，那么郑人的要求是无理的，对无理之人就应该用无理的办法，对与无理之人的约定就不必那么认真了。"

可见，做事情不可盲目地追求原则和章法，要学会适时地变通。要做到适时地变通，需要有一种灵活而又迅速的转变，来一个对规则束缚的挣脱，否则我们会钻入死板的套子中不能自拔，那样我们便真成了钻牛角尖的悲剧人物了。

人的思维是跳跃的，不是一成不变的。因此办事时适时地变通是一种很明智的做法，放弃毫无意义的固执，这样才能更好地办成事情。变通能够使我们开阔思维，活跃头脑，增长见识，是我们的成功之道。

对于善于变通的人而言，这个世界上不存在困难，只存在着暂时还没想到的方法，然而方法终究是会被找出来的，所以，善于变通的人只有一个归宿，那就是成功。每个人的自身条件不一样，每个人遇到过的困难也不同，那么，采取的方法更是不一样的。但有一点是一样的，那就是任何人遇到任何困难，都必须变通，不变通，就无法克服困难、走向成功。

李晔是一家公司的业务员。公司的产品不错，销路也不错，但产品销出去后，总是无法及时收到款。如何讨账便成了公司最大的难题。

有一位客户，买了公司10万元产品，但总是以各种理由迟迟不肯付款，公司先后派了几批人去讨账，都没能拿到货款。当时李晔刚到公司上班不久，就和另外一位员工一起被派去讨账。他们软磨硬磨，想尽了办法。最后，客户终于同意给钱，叫他过两天来拿。

两天后，他们赶去，对方给了一张10万元的现金支票。

他们高高兴兴地拿着支票到银行取钱，结果却被告知，账上只有99800元。很明显，对方又要了个花招，他们给的是一张无法兑现的支票。第二天公司就要放假了，如果不及时拿到钱，不知又要拖延多久。

遇到这种情况，一般人可能会一筹莫展了。但是李晔突然灵机一

动，于是拿出200元钱，让同去的同事存到客户公司的账户里去。这一来，账户里就有了10万元。他立即将支票兑了现。

当他带着这10万元回到公司时，董事长对他大加赞赏。之后，他在公司不断晋升，5年之后当上了公司的副总经理，后来又当上了总经理。

李晔能有今天的发展，与他凡事懂得变通有关。

这个世界上没有什么是一成不变的。寻找巧妙方法将困难化解于无形，是每一个善于变通者的通用法则。

不断创新才能找到出路

有思考才会有创新，有创新才会有出路，有出路才会成功。世上每一次伟大的成功，都是先从创新开始的。创新就像一位哲人所说的那样："你只要离开人们常走的大道，潜入森林，你就可能会发现前所未有的东西。"同样的道理，在工作中，一个小小的改变，只要能跳出传统守旧的观念，将自己的思想方式巧妙地变一变，往往就会产生意想不到的效果。

李彬是海尔集团西宁冷柜的产品经理。2005年10月，他得知中国移动公司西宁分公司要在2005年年底推出一个活动：存10000元手机话费，再送5000元话费。

移动公司的这一活动引起了李彬的浓厚兴趣：他决定要拿下这笔订单！

李彬了解到：西宁的经济不算发达，当时，手机对当地人来说，是身份与地位的象征。

　　掌握了这些关于西宁经济特点的信息还远远不够，李彬又去了解移动用户的信息：一些经济富裕的移动用户自己一年的电话费也花不到10000元，再送5000元也花不出去，就白白浪费了。所以他们对移动公司的这个活动并不感兴趣。

　　了解到这些信息后，李彬马上设计出了自己的方案：

　　如果移动公司赠送的话费可以买海尔冰柜，那对于移动公司来说，活动的吸引力、可行性会更大，参与活动的移动用户会更多；而对于移动用户来说，赠送的话费不仅不会浪费掉，而且还会有"意外的收获"！

　　方案提出后，马上得到了移动公司的认可。这样，这笔相当于海尔冰柜平均月销量两倍的大订单就被拿下了！

　　李彬是一个具有创新头脑的人，他把两件毫不相关的事情联系在了一起，从其他行业的市场中发现了自己的市场，不但提升了业绩，还使原来两个公司的难题变成了一个"双赢"的结果。

　　人生要有所作为，就离不开创新，而创新的源泉实际上就是突破自我、突破常规和思维定式，首先从思想上战胜自己。

　　创新不需要天才。创新只需要找出新的改进方法。任何事情的成功，都是因为能找出把事情做得更好的办法。

　　拿破仑·希尔曾说："创新是力量、自由及幸福的源泉。"英国著名哲学家罗素把创新看作"快乐的生活"，是"一种根本的快乐"。这些论述深刻地揭示了创新和幸福的内在联系，说明创新是获得新的幸福的源泉。

　　为什么说创新是人类获得新的幸福的源泉和动力？我们知道，幸福是人们在进行物质生产和精神生产的实践中，由于感受和理解到所追求的目标的实现而得到的精神上的满足。然而怎样才能满足人们物质生活和精神生活的需要呢？要靠劳动，靠工作，靠奋斗。而人们需要的内容是不断发

展的，需要的层次是不断提高的，旧的需要满足了，又会产生新的需要；低层次的需要满足了，又会产生高层次的需要。要满足人们不断提高的需要，实现人们对幸福的追求，就要靠创新。社会的进步在于创新，人的幸福和成功也在于创新。

法国著名美容用品制造商伊夫·洛列是一个善于创新的人。

起初，伊夫·洛列对花卉有极大的兴趣，经营着一家自己的花店。一个偶然的机会，他从一位医生那里得到了一个专治痔疮的特效药膏秘方，这使他产生了浓厚的兴趣。他想：如果能把花的香味融入这种药膏中，使其芬芳扑鼻，应该会很受欢迎。

于是，凭着浓厚的兴趣和对花卉的充分了解，伊夫·洛列经过昼夜奋战终于研制成了一种香味独特的植物香脂。他兴奋地带着自己的产品挨家挨户地去推销，结果取得了意想不到的成果，几百瓶试制品几天的工夫就卖得一干二净。

由此，伊夫·洛列又想到了利用花卉和植物来制造化妆品。他认为，利用花卉原有的香味来制造化妆品，能给人带来清新的感觉，而且原材料来源广泛，所能变换的香型也很多，市场前景一定很广阔。

他开始游说美容品制造商实施他的计划，但在当时，人们对于利用植物来制造化妆品是持否定态度的。洛列并没有因此而放弃，他坚信自己这个新颖的想法一定能成功。于是，他向银行贷款，建起了自己的工厂。

1960年，洛列的第一批花卉美容霜研制成功，开始小批量投入生产，结果在市场上引起了巨大的轰动。在极短的时间内，70万瓶美容霜销售一空，这对于洛列来说，无疑是巨大的鼓舞。

为了促进销售，他还别出心裁地在广告中附上邮购优惠单，相信这样一定会引起更多人的注意。他在《这儿是巴黎》杂志刊登了一则广告，并附上邮购优惠单。《这儿是巴黎》发行量较大，结果其中

40%以上的邮购优惠单都被寄了回来。伊夫·洛列又成功了，这种独特的邮购方式使他的美容品源源不断地卖了出去。

如果说洛列采用植物制造美容品是一种大胆的尝试的话，那么采取邮购的营销方式则是他的一种创新之举。

1969年，洛列扩建了自己的工厂，并且在巴黎的奥斯曼大街上设了一家专卖店，开始大量地生产和销售化妆品。如今他在全世界的分店已近千家，产品被世界各地的人们所使用。

从以上事例我们可以看到，伊夫·洛列利用花卉来制造美容霜，称得上别出心裁，独辟蹊径，而且他还采用了一种当时闻所未闻的创新邮购方式，这又为他带来了许多宝贵的资源。这些打破常规的创新做法使伊夫·洛列的事业取得了巨大的成功。

创新来自于积极、充分的思考。成功的人士强调：最努力工作的人最终绝不会富有。这句话很容易理解：如果你整天埋首于他人所设计的程序，又怎会成功呢？

一个人是否具有"见别人之未见，行别人之未行"的创新精神，与其事业的成败休戚相关。

创造性思维是人成功的捷径，人与人之间的竞争往往会在这上面体现出来。在竞争激烈的现代社会，只有那些独具创新意识、有开拓精神的人才能够脱颖而出，成为成功人士。

办难事要倒过来想办法

一般正常思维、正向思维是这样的：干任何事情必须名正言顺，必须想好了再干，把性质定好了再干。而逆向思维，则是把顺序颠倒了过来：

认准了的事情，先干起来再说，干好了再论定性质。逆向思维不是与他人唱对台戏，不是另搞一套，而是在不违背基本原则的前提下怀疑、否定，冲破流行的貌似有理的想法和做法，在表面看来最不可行甚至"大逆不道"的地方走出一条切实可行的富有特色的新路来。

有位茶商到南方进茶叶，可等他到达目的地时，大吃一惊，原来当地的茶叶已被先到的商人订购一空。绝境之下，他灵机一动，想出了一条"逢生"之路，即刻将当地用来盛茶叶的箩筐全都买下。不久，当比他早到的茶商得意地欲将购买的茶叶运回时，才惊奇地发现街上已无箩筐可买。此时，这位茶商才抛出了事先购进的箩筐，"弃茶卖箩"使他获得了一笔不菲的收益。

无独有偶。19世纪中叶，美国加州传来发现金矿的消息。许多人以为机不可失，纷纷奔赴加州。17岁的小农亚默尔也加入了这支庞大的淘金热的队伍。他历尽千辛万苦赶到加州，经过一段时间，他同多数人一样，没有挖到一两金子。淘金梦是美丽的，山谷中的艰苦生活却令人难以忍受。特别是气候干燥，水源奇缺，寻找金矿的人最痛苦的是没有水喝。许多人一面寻找金矿，一面不停地抱怨。

甲嘀咕："谁让我喝一壶凉水，我情愿给他一块金币。"

乙宣布："谁让我痛饮一顿，我给他两块金币。"

丙发誓："老子出三块金币。"

这些人发完牢骚后又继续挖掘起金矿来。亚默尔却想：如果将水卖给这些人喝，也许比挖金矿能更快得到钱。于是，他毅然放弃找金矿，将手中的铁锹由挖金矿变成挖水渠，从远方将河水引进水渠，经过细沙过滤，成为清凉可口的饮用水。然后他将水装在桶里，运到山谷一壶一壶卖给找金矿的人痛饮。当时有人嘲笑他胸无大志，千辛万苦赶到加州来，不去挖金子发大财，却干这种蝇头小利的买卖。这种小生意在哪里不能干，何必老远跑到这里来？亚默尔毫不介意，继续卖他的饮用水。结果，许多人深入宝山，空手而回，有些人甚至忍饥挨饿，流落异乡，而他却在很短的时间内靠卖水赚到了6000美元。在当时这可是一笔很可观的财富。

由此可见，逆向思维具有创新效能。因为人们的思路一般是根据背景知识或传统观念来确定的，而时代的背景知识和传统观念只是人类认识事物的一个暂时阶段，它不可能完全正确地反映事物的本质和客观规律。

人只有在不断扬弃背景知识和传统观念的过程中，才能更加深刻全面地把握事物的本质。当你面对一个史无前例的新问题，沿着某一固定方向思考而百思不得其解时，如果你能灵活地调整一下思维方向，摆脱传统观念的束缚，从不同的角度展开思路，甚至把事情整个反过来设想一下，那么就有可能茅塞顿开，恍然大悟，由"山重水复"的歧途，而步入"柳暗花明"的佳境。

有两个人一起出差，其中一个人逛街时看到大街上有一老妇在卖一只黑色的铁猫。这只铁猫的眼睛很漂亮，经仔细观察，他发现铁猫眼睛是宝石做成的。于是他不动声色地问老妇说："能不能只卖一对眼珠？"老妇起初不同意，但他愿意花整只铁猫的价格。老妇便把猫眼珠取出来卖给了他。

他回到旅馆，欣喜若狂地对同伴说，他捡了一个大便宜，用了很少钱买了两颗宝石。同伴问了前因后果，问他那个卖铁猫的老妇还在不在，他说那个老妇正等着有人买她的那只少了眼珠的铁猫呢。

同伴便取了钱寻找那个老妇去了，不一会儿，他把铁猫抱了回来。他分析这只铁猫肯定价值不菲。他用锤子往铁猫身上敲，铁屑掉落后发现铁猫的内质竟然是用黄金铸成的。

买走铁猫宝石眼睛的人是按正常思维走的，铁猫的宝石眼睛很值钱，取走便是。但同伴却通过逆向思维断定：既然猫的眼睛是宝石做的，那么它的身体肯定不会是铁。正是这种逆向思维使同伴摒弃了铁猫的表象，发现了猫的黄金内质。

由此，我们可以知道，积极地运用逆向思维能够使自己独辟蹊径，在别人没有注意到的地方有所发现，有所建树，从而出人意料地取得成功。

事情就是那样的巧妙，在现实生活中有时拓宽思路，善于创新，"反弹琵琶"，在逆向思维之中常常会有"无心插柳柳成荫"，从而给人带来意外的惊喜。

转换思路，灵活应变

常言道"不识庐山真面目，只缘身在此山中""当事者迷，旁观者清"。我们的思维长期局限在一个狭小的环境中，是容易僵化的。若能拓展思维选择的可能性空间，跳出就事论事的模式，突破常规思维、习惯思维的框框，确立起"一切都是可能的"这样一种认知观念，换一种想法，多一条思路，正确的答案就出来了，正确的决策就找到了，做事也会更加顺利。

有时候，看似很简单的事情，但需要你具有打破常规考虑问题的头脑，一旦换了一个思路，很多难题就会迎刃而解了。

生活中，我们观察事物的时候，往往是从某个视点出发，形成对该事物的概念或印象。但我们只要改变观察的视点，就必定会带来新的看法，赋予事物新的意义，而在这种新的看法和意义中便隐藏着机会。

一个犹太人走进纽约的一家银行，来到贷款部，大模大样地坐了下来。

"您需要什么服务，先生？"贷款部经理一边问，一边打量着他的穿着：豪华的西服、高级皮鞋、昂贵的手表，还有领带夹子。

"我打算贷点款。"

"可以，您想贷多少？"

"1美元。"

"1美元？"

"不错，只贷1美元。可以吗？"

"当然可以，只要有担保，再多点也无妨。"

"好吧，这些担保可以吗？"

犹太人说着，从豪华的皮包里取出一堆股票、国债等，放在贷款部经理的写字台上。

"总共50万美元，够了吧？"

"够了，够了，只不过您真的只贷1美元吗？"

"是的。"说着，犹太人接过了1美元。

"年息为6%。只要您付出6%的利息，一年后归还，我们就可以把这些股票还给你。"

"谢谢。"

犹太人说完，就准备离开银行。

一直在旁边观看的行长，怎么也弄不明白，拥有50万美元的人，怎么会来借1美元？他马上追上前去，拉住对方问道：

"啊，这位先生……"

"有什么事情吗？"

"我实在弄不清楚，你拥有50万美元，为什么只借1美元呢？如果您要借几十万美元的话，我们会很乐意的……"

"请不必为我操心。我来贵行之前，问过了几家金库，他们保险箱的租金都很昂贵。所以我就准备在贵行寄存这些股票。租金实在太

便宜了，一年只需花6美分。"

贵重物品的寄存按常理应放在金库的保险箱里，对很多人来说，这是唯一的选择。但犹太商人没有囿于常理，而是另辟蹊径，找到让证券等锁进银行保险箱的办法。从可靠、保险的角度来看，两者确实是没有任何区别的，除了收获不同。

一般情况下，人们是为借款而抵押，总是希望以尽可能少的抵押争取尽可能多的借款。而银行为了保证贷款的安全或有利，从不肯让借款额接近抵押物的实际价值，所以，一般只有关于借款额上限的规定，其下限根本不用规定。能够钻这个"空子"，转换思路思考问题，这就是犹太商人在思维方式上的精明。这就是说，善于转换思路解决问题，通常能获得意想不到的成功。

在生活中，当你发现某一条路走不通的时候，赶紧转换思路，试试走另一条路。通过思路转换，达成我们的理想，改变我们的命运，这才是我们所期盼的。

勤于思考方能成就未来

做任何事情前首先必须开动脑筋，让自己的思维活跃起来，唯有这样，才能找准自己的路。所有的成事之道，都离不开"善思"两字，思路越灵活，捕捉到的机遇就越多，就越不会遇到死路和绝路。

有一位知名的物理学教授睡到半夜醒来，发现自己的实验室里依然灯火通明。他来到实验室里，看到自己的一名学生正在实验台前忙碌着。

教授关心地问道："怎么这么晚还没休息？你现在做实验，白天都做些什么了呢？"

学生回答："我白天也在做实验啊。"

教授稍微停顿了一下，说："勤奋固然很好，但令我好奇的是，你把所有的时间都花在了做实验上，那什么时间来思考呢？"

这段对话，道出了一个真理：对于每个人来说，从劳动、实践到有没有发明创造，除了社会性条件和劳动态度以外，还有一个极其重要的条件，就是能不能为自己留下一片空间，并开动脑筋，认真思考。

不管你从事的是哪一个行业，幸运之神都偏爱会思考、有创新精神的人。思考能使人不断进步，创新能使你的事业再上一个巅峰，与众不同的创新个性能使你成为众人的灵魂。因此，从现在起培养你的不断思考、敢于创新的习惯，从生活中的点点滴滴开始培养，那么你的远大目标就会实现。

有一次，公司派林华带领他的团队参加一个商品展销会，令林华感到沮丧的是，他们被分配到一个极为偏僻的角落，而这个角落是很少有人光顾的。为他们设计摊位布置的装饰工程师劝他干脆放弃这个摊位，在这种情况下展览成功是不可能的，唯一办法只有等待来年再参加商品展销会。

沉思良久，他觉得自己若放弃这一机会实在可惜，而这个不好的地理位置带给他的厄运也不是不能化解，关键就在于自己怎样利用这不好的环境，使之变成整个展会的焦点。他觉得改变这种厄运需要一种出奇制胜的策略，可是怎样才能出奇制胜呢？他陷入了沉思。林华想到了自己创业的艰辛，想到了展销会的组委会对自己的排斥和冷眼，想到了摊位的偏僻……

第二天，林华走到了自己的摊位前，心里充满悲哀又有些激奋，心想既然你们这么不重视我们公司，那我偏要弄出点新鲜的东西让你们看看，于是一个妙计就诞生了。

林华让他的设计师给他设计了一个非洲古代宫殿式的氛围，围绕着摊位布满了具有浓郁的非洲风情的装饰物，把摊位前的那一条荒凉的大路变成了黄澄澄的沙漠，他安排雇来的人穿上非洲人的服装，并且特地雇用动物园的双峰骆驼来运输货物，此外还派人定做大批气球，准备在展销会上使用。

还没到开幕式，这个与众不同的装饰就引起了人们的好奇，不少媒体都报道了这一新颖的设计，市民们都盼望开幕式尽快到来，一睹为快。展销会开幕那天，林华挥挥手，顿时展厅里升起无数的彩色气球，气球升空不久自行爆炸，落下无数的胶片，上面写着："当你拾起这小小的胶片时，你的运气就开始了，我们衷心祝贺你。请到我们的摊位，接受来自遥远的非洲的礼物。"这无数的碎片散落在热闹的展销会场，当然林华也因奇特的想法与创意取得了巨大的成功。

思路决定出路，思考是人生最大的财富。学会思考，就能找到人生新的起点；只有学会思考，学会创新，成功才会向你走来。

第二章 有胆有识，
在最佳时间做出最正确的决策

立即执行，任何事情都经不起拖延

许多人总是习惯把事情拖到最后一分钟才去做，认为这样可以逼自己集中精力，而且可以最大限度地提高自己的工作效率。殊不知，这种做法常会给我们带来麻烦和损失。

拖延是对时间的挥霍。任何憧憬、理想和计划，都会在拖延中落空。在生活中，我们必须在有限的时间内，抓紧每一分每一秒的时间行动，决不拖延。

有这样一个小故事：

一位年轻的女士要当妈妈了，她打算为即将出世的孩子织一身最漂亮的毛衣毛裤。她在老公的陪同下买回了一些颜色漂亮的毛线，可是她却迟迟没有动手，每当想拿起那些毛线和毛衣针时，她就会暗示自己："现在先看一会儿电视吧，等一会儿再织。""一会儿"过去之后，可能老公快要下班回家了。于是她又把这件事情拖到明天，原因是：要给老公做晚饭。等到孩子快要出生了，那些毛线还像新买回的那样放在柜子里。老公因为心疼老婆，所以也并

不催她。后来，婆婆看到那些毛线，告诉儿媳不如自己替她织吧，可是儿媳却表示一定要自己亲手织给孩子。只不过她现在又改变了主意，想等孩子生下来之后再织，她还说："如果是女孩子，我就织一件漂亮的毛裙，如果是男孩就织毛衣毛裤，上面一定要有漂亮的卡通图案。"

孩子生下来了，是个漂亮的男孩。在初为人母的忙忙碌碌中孩子一天一天地渐渐长大。很快孩子就一岁了，可是她的毛衣毛裤还没有开始织。后来，这位年轻的母亲发现，当初买的毛线已经不够给孩子织一身衣服了，于是打算只给他织一件毛衣，不过打算归打算，动手织的日子却被一拖再拖。

当孩子两岁时，毛衣还没有织。

当孩子三岁时，母亲想，也许那团毛线只够给孩子织一件毛背心了，可是毛背心始终没有织成。

……

渐渐地，这位母亲已经想不起来这些毛线了。——

孩子开始上小学了，一天孩子在翻找东西时，发现了这些毛线。孩子说真好看，可惜毛线被虫子蛀蚀了，便问妈妈这些毛线是干什么用的。此时妈妈才想起自己曾经憧憬的、漂亮的、带有卡通图案的花毛衣还没有织。

可见，拖延是对宝贵生命的一种无端浪费，这样的行为在我们的生活和工作中不断发生，如果把你一天的时间记录下来，你会发现，拖延不知不觉地消耗了你大部分的时间。

拖延并非人的本性，它是一种恶习，一种可以得到改善的坏习惯。这个坏习惯，并不能使问题消失或者使问题变得简单，反而它只会制造问题和麻烦。

拖延最具破坏性，也是最危险的恶习，它能使人丧失进取心。我们一旦开始遇事推脱，就很容易再次拖延，最终会变成一种根深蒂固的习惯性的拖延。假如你想谋取事业的成功，那么你就必须改变拖延的恶习。

在《财富》推出的全球最有影响力的商业人士名单中，埃克森·美孚石油公司前董事会主席兼总裁李·雷蒙德多次榜上有名。

有人说，李·雷蒙德是工业史上绝顶聪明的总裁，是洛克菲勒之后最成功的石油公司总裁，因为没有人能够像他一样，令一家超级公司的股息连续21年不断攀升。

李·雷蒙德的信条就是"决不拖延"。在他的影响下，这一信条已经成为他所在公司秉持的理念之一。埃克森·美孚石油公司能跃升为全球利润最高的公司之一，不仅是因为埃克森公司和美孚公司携手的因素，更是因为它拥有一支决不拖延的员工队伍。李·雷蒙德的一位下属曾经这样解释这一理念：拖延时间常常是少数员工逃避现实、自欺欺人的表现。然而，无论我们是否在拖延时间，我们的工作都必须由我们自己去完成。通过暂时逃避现实，从暂时的遗忘中获得片刻的轻松，这并不是根本的解决之道。要知道，因为拖延或者其他因素而导致工作业绩下滑的员工，就是公司裁员的对象。必须记住的是：没有什么人会为我们承担拖延的损失，拖延的后果只有我们自己承担。如此一来，我们就可能在一个庞大的公司里，创造出每一个员工都不拖延哪怕半秒钟时间的奇迹。

改变拖延首先要正视拖延。不可否认拖延是一种对我们自身有害的坏习惯。不要轻视这种习惯，有人认为坏习惯可以轻而易举地克服，所以就姑息它，日久天长，坏习惯将逐渐养成。坏习惯就像一棵长弯了的小树，你不可能一下子把它弄直。它不是一朝一夕能纠正的，这需要几个月，甚至几年的时间。

我们应该对自己平时的习惯做深刻的检讨，把那些妨碍高效的恶习

——找出来，如萎靡不振、马马虎虎、得过且过等，要勇于承认自己身上的这些不良习惯，不要找借口搪塞。把它们记下来，对照它们引起的错误，想想今后应该怎么做。若能持之以恒地纠正它们，就一定会改掉拖延的恶习。

那么如何改掉做事拖沓呢？

1.有效地管理时间

我们要找出什么样的日程是最适合我们自己的，并且为我们每天要做的事情设定清晰的优先度。在头脑中对上面的这些问题有一个认识，我们需要组织我们每一天的工作，这样每天结束的时候，我们就知道明天开始的是崭新的旅程，而不是忙于去解决那些我们今天不想做的事情。

2.做到"今日事，今日毕"

不论你今天有多累，不论你明天的时间有多充足，不论你有多少理由，假如你想尽快改掉自己做事拖延、不能立即行动的恶习，那就每天为自己列个事情明细单，要求自己做到"今日事，今日毕"；绝不要为自己找各种各样的借口，拖拉的结果只会让有待你处理的事情变得越来越多，身心越来越疲惫。

3.用好习惯取代拖沓的坏习惯

许多人的拖沓已经成了习惯。对于这些人，要完成一项任务的一切理由都不足以使他们放弃这个消极的工作模式。如果你有这个毛病，你就要重新训练自己，用好习惯取代拖沓的坏习惯。每当你发现自己又有拖沓的倾向时，静下心来想一想确定你的行动方向，然后再给自己提一个问题："我最快能在什么时候完成这个任务？"定出一个最后期限，然后努力遵守。渐渐地，你的工作模式会发生变化。

敢于放弃，以壮士断腕的勇气做出决策

有这样一个故事：

在法国一个小城镇，有个叫约翰的青年。一天，他一个人开着汽车，到树林里去砍木材。

树林里静悄悄的，约翰一面唱着快活的歌儿，一面用电锯锯着一棵大树。没料到，大树倒地时，一下子压在他的大腿上了。

约翰忍着剧烈的疼痛，想把压着的大腿抽出来。可是任凭他怎么使劲，那树还是一点也不动。而他的大腿已被树干压断了，皮开肉绽，鲜血从压着的腿下不断地流出来。约翰扯开嗓门，向四周呼叫，可周围一个人也没有。

他只得抓起一把斧子，朝树干上猛砍，想把树砍断。一下、两下、三下……砍了十几下，不料，由于他用力太猛，斧子柄断了！

约翰又抱起电锯来锯。可他一条腿被压着，怎么也锯不断横倒的大树。

这下他绝望了。

血在不断地流着。照这样下去，他会因流血过多而死去的。约翰为了自救，他当机立断抽过电锯，勇敢地架到了自己那条被大树压着的大腿上。他咬着牙，闭上眼，按下了电锯开关。

随即电锯把他的腿锯断了。他急忙翻身向汽车爬去。他爬上汽车，紧紧地握住方向盘，用一条腿踩油门，飞快地把自己送往医院。

经过医生抢救，约翰脱险了。他虽然少了一条腿，但他凭着自己

的勇敢和果断，战胜了死亡，活了下来。

面临绝境，要有壁虎断尾、壮士断腕的勇气。如果约翰在危急关头，没有果断地做出选择，那么他失去的就不仅仅是一条腿，而是他的生命。所以说，在紧要或危急关头，能够生存或克服困难的，往往是那些具有坚决果断性格的人。这个例子告诉我们：唯有壮士断腕，才能及时保存所剩的有限力量，重整山河，东山再起！

有舍才有得，放弃能使你得到更多。壮士断腕不是计较一时的得与失，而是从长远利益出发，顾全大局，保存实力，积蓄优势，提高胜算。不管是个人还是企业，要想取得成功，就要当机立断，必要时更要有壮士断腕的勇气，牺牲局部，保存整体。

1928年夏天，美国银行家贾尼尼离开了纽约华尔街，回到家乡意大利米兰休养。

虽说是休养，但贾尼尼始终密切地关注着纽约华尔街的情况。

一天，贾尼尼突然被一条新闻惊呆了，这条刊登在头版头条的新闻是这样写的：贾尼尼的控股公司纽约意大利银行的股票暴跌50%，加州意大利银行的股票亦出现36%的跌幅。

贾尼尼大吃一惊，心急火燎地赶回加州的旧金山，并召开了紧急会议。他阴沉着脸火暴地大声质问自己的儿子玛利欧："股价如此暴跌，一定有人在背后捣鬼，到底是谁？"在一旁的律师吉姆·巴西加尔赶忙替玛利欧回答道："股价暴跌是由摩根的纽约联邦储备银行引起的，他们认为意大利银行涉嫌垄断，逼我们卖掉银行51%的股份。"

原来，意大利银行收购旧金山自由银行之后，金融巨头摩根怀疑贾尼尼野心勃勃要控制全美国的银行业，因此招来联邦储备银行进行干预。

面对这种情况，玛利欧主张卖出意大利银行的一部分资产，然后再买回公开上市的股票，从而使意大利银行由上市的公众持股公司变成不上市的内部持股公司，脱离华尔街的股票市场。

其他的董事也都认为玛利欧所说的是目前唯一可行的办法，只有这样才能挽救意大利银行。

但是，他们达成的一致意见却遭到贾尼尼的强烈反对，他认为这一策略不无可取之处，但未免太消极。

大家都沉默了，用征询的目光看着贾尼尼，意思是说，你否决了我们的建议，难道你有什么更好的锦囊妙计吗？他们对贾尼尼善于出奇制胜的才能一点也不怀疑。

然而，贾尼尼却说出了一番使大家更吃惊的话："再过两年我就进入花甲之年了，而且身体也渐渐支撑不住了，我要辞去意大利银行总裁的职务。"

此话一出，在场的人都大为吃惊。大家都痛苦地低下了头。因为他们都明白，贾尼尼是说到做到的人，是绝不会反悔的。

玛利欧却迫不及待地劝说："爸爸，我们焦急地盼望您回来，不是想听您说这句话的，您呕心沥血一手缔造起来的意大利银行，如今正处于生死攸关的紧急关头，我们需要您带我们一起渡过这个难关！"

贾尼尼放声大笑起来，他挥动着拳头说："我决不会让意大利银行倒下的！"

大家的情绪立即激昂起来，他们心里明白，贾尼尼已经有了非常好的对策。他们都瞪大了眼睛盯着他。

贾尼尼接着说："不但如此，我还要设立一个比意大利银行大好几倍的控股公司！我之所以辞职，就是要以个人的身份去游说总统和财政部长，促使他们制定一条新的法令，使商业银行的全国分行网络合法化。"

玛利欧却泄气地说："等您说服他们颁布新法令，意大利银行早就完了！"

贾尼尼瞪了他一眼，似乎是责备儿子怎么这么没志气："当然，我去游说一方面是争取合法化，另一方面也是一条缓兵之计。我们不仅不能让意大利银行倒下，而且还要设立比意大利银行还大几倍的全国性的巨型控股公司，发展出一个以原始银行业务为支柱的民办最大的商业银行。"

贾尼尼这种高瞻远瞩的气魄，使大家都佩服得五体投地，对他的金蝉脱壳决策一致表示赞同。

于是，玛利欧等人很快就到德拉瓦注册成立了一家新公司——泛美股份有限公司，该公司的最大股东就是意大利银行。但由于它的股票分散在大量的小股东手里，因而外人很难再怀疑它有垄断嫌疑。

他们再以这家公司的名义，把别人控制下正在暴跌的意大利银行的股票低价买进，这样一来，便挫败了摩根等人欲置意大利银行于死地的阴谋。意大利银行不仅没有垮下，而且越来越壮大。后来它甚至还吞并了美洲银行，并将各分行都全部改名为美国商业银行。

贾尼尼担任美国商业银行这个全美第一大商业银行的总裁，成为改写美国金融历史的伟人之一。

在这个案例中，贾尼尼果断放弃意大利银行总裁的职务，采取金蝉脱壳的办法，不但建立起了新的公司，而且将公司不断发展壮大。可以说，贾尼尼深刻领悟舍得之道，以壮士断腕的勇气"大舍"，换来了公司发展的"大得"。

美国电话电报公司前总裁卡贝曾说："放弃有时比争取更有意义，放弃是成功的钥匙。"当企业面临危机时，领导者应权衡利弊，当机立断舍弃小的利益。患得患失不仅无助于损失的挽回，反而会使自己丢掉更大的利益。壮士断腕只是一时之痛，优柔寡断则会无休止地痛下去。

有胆有识，敢于冒险才能抓住机会

对于个人发展来说，冒险是通向成功的必由之路。

惧怕失败，不冒风险，求稳怕乱，平平稳稳地过一辈子，虽然可靠、平静，虽然生活比上不足比下有余，但那是多么无聊。冒险失败远胜于安逸平庸。与其平庸地过一辈子，不如轰轰烈烈地干一场。冒险能够带给你一些全新的体验，一些你所未知的领域的体验，可以说，冒险的体验正是你生活中进步和快乐的源泉，因此对于还没有发生的事情完全不必心怀恐惧，也不要费心做那种无谓的尝试，试图把生活中的每一面都规划好。倘若你想让自己的生活丰富多彩，那么就需要让你的生活多一些意外，多一些弹性。其实不管是你的工作，还是你的生活，如果总是重复着相同的内容，又怎么会有新的收获呢？你应该明白，生活并不能够预先设计，因此对于不可预知的未来，你没有必要去担心或惧怕，你应该打破你的规矩，突破你的闭锁，发挥敢为人先的冒险精神，去体验冒险给你带来的快乐及刺激。

在很多情况下，强者之所以成为强者，就是因为他们敢做别人所不敢做的。英国剧作家萧伯纳有句名言："对于害怕危险的人，这个世界总是危险的。"做任何一件事，完成任何一种工作都不可能有百分之百的把握。即使在我们的日常生活中，也时常有风险，只是风险率低些罢了。所谓不冒险，无所得。也许风险可能会导致你失败，但如果你能化险为夷，那么你获得的回报率将远远比不冒风险做事所取得的回报率高得多。

　　"二战"结束后，有一位年近六旬的老翁，敏锐地察觉到未来的石油发展地区应该在中东。他要在中东开发石油，在美国的炼油厂提炼。但当时中东地区早已被世界上7家实力雄厚的大公司所控制，要想打进去十分困难。可是没有人会想到，老翁竟然看中了沙特阿拉伯与科威特之间的一块不毛之地。这是一块属于两国共管的中立区，是一大片荒漠。老翁聘请的石油地质学家驾着飞机从空中观察地形地貌，断定那下面埋藏着石油。经过谈判，老翁获得了60年石油开采特许权，但他必须满足沙特提出的相当苛刻的条件，要冒极大的风险。美国石油工业界许多人公开指出，这样做注定要破产，他们认为那里根本不可能出油。但老翁很有信心，他敢于这样做，是因为他认为在沙特开采石油成本低廉，着眼于石油价格上涨趋势，他断定那块地方从长远来看一定能帮他赚到大钱。4年中，他先后投下了4000万美元，但只产出少量劣质油。这种油很难提炼，几乎没有商业价值。石油工业界的预言似乎已经被证实了，连他本人也显露出焦躁不安的情绪，毕竟他已经不再年轻。然而，在经历了4年之久的不断挫折之后，成功终于向勇敢的人招手了。该地区的高产油井被一口接一口地打了出来，他的财富开始成倍地增加……这位颇富冒险精神的老翁叫保罗·盖蒂，他是当今最负盛名的石油大亨。

　　无独有偶。1956年，58岁的哈默购买了西方石油公司，开始大做石油生意。石油是最能赚钱的行业之一，也正因为能赚钱，所以竞争尤为激烈。初涉石油领域的哈默要建立起自己的石油王国，无疑面临着极大的竞争风险。首先碰到的问题是石油被几家大石油公司所垄断，哈默无法插手；沙特阿拉伯是美国埃克森石油公司的天下，哈默难以形成势力……

如何解决油源问题呢？1960年，当花费了1000万美元勘探基金而毫无结果时，哈默再一次冒险地接受一位青年地质学家的建议：旧金山以东一片被行士石油公司放弃的地区，可能蕴藏着丰富的天然气，并建议哈默的西方石油公司把它租下来。哈默又千方百计从各方面筹集了一大笔钱，投入了这一冒险的投资。当钻到860英尺（262米）深时，终于钻出了加利福尼亚州的第二大天然气田，估计价值2亿美元。

冒险与收获常常是结伴而行的，风险和利润的大小也是成正比的，巨大的风险能带来巨大的效益。险中有夷，危中有利。要想有卓越的成就，就要敢冒风险。

在任何事业中，如果把所有的风险都消除掉的话，自然也把所有潜在的机会都丢掉了。风险中孕育着机会，敢于正视风险、敢于冒险，那无疑就会抓住更多的成功机会。

在人生中，思前想后，犹豫不决固然可以降低做错事的概率，但我们失去成功的机遇的概率更大。这种得不偿失的结果对我们来说是更大的损失。因此，我们必须有胆量，学会冒险，学会去尝试，因为生活中最大的危险就是不冒任何风险。只有敢于冒险，才会有更多的成功机会。

美国著名的《商业月刊》评选出了20世纪80年代最有影响力的50名企业界巨头，他们所具备的基本素质的第一条就是具有过人的胆识，敢于冒风险，不怕摔倒，不怕失败。在现代社会中，不敢冒险就是最大的冒险。没有超人的胆识，就没有超凡的成就。

鼓励冒险，但绝不等于提倡蛮干，应该讲究科学规律，能够预测事情发展的未来，并能降低风险率，这样会减少损失，就是失败了，也不会有太大的失望。所以，我们要成功，就需要理性地冒险。它是建立在正确的思考与对事物的理性分析上的。只有认识到冒险的必要而决心去冒险，才

能获得成功。否则，所谓的冒险就成了莽撞。

冒险不一定都能成功，但成功一定要冒险。如果你想取得骄人的业绩，那么冒险是必要的。在成功学的道理中，很重要的一点也是如此。如果你想做得更好，你就得向现状挑战，你就得努力改变现状，你就得尝试冒险。

斩断自己的退路，才能更好地赢得出路

生活中，很多人都习惯做事时给自己留一条或几条后路。退一步海阔天空，有退路固然是好的，但如果一味地后退，事事留有退路，那就意味着这个人在事情还未开始的时候，就已经准备要承受失败了，那么他成功的概率肯定会减小，因为，留有退路的时候，就潜藏着懈怠、自我安慰。发展到最后，可能导致自我麻痹、自我毁灭。到了这一步，留有退路的好处，却成了导致失败的坏处。所以有些时候，我们要断绝自己的退路，负重前进，给自己加压，挤掉懈怠、自我毁灭等不利因素，做事尽量求得事事成功。

恺撒在尚未掌权之前，是一位出色的军事将领。有一天，他奉命率领舰队前去征服英伦诸岛。在检阅舰队时，他发现一个严重的问题。随船远征的军队人数少得可怜，而且武装配备也残破不堪，以这样的军力妄想征服骁勇善战的盎格鲁-撒克逊人，无异于以卵击石。但恺撒还是决定启程，航向英伦诸岛。舰队到达目的地之后，恺撒等所有兵丁全数下船后，立即命令亲信部属一把火将所有战舰烧毁。

同时他召集全体战士训话，明确地告诉他们，战船已经烧毁，所以大伙儿只有两种选择：一是勉强应战，如果打不过勇猛的敌人，后退无路，只得被赶入海中喂鱼；另一条路是，不管军力、武器、补给多么不足，奋勇向前，攻下该岛，则人人皆有活命的机会。

士兵们人人抱定必胜的决心，终于攻克强敌，而这次成功的战争，也为恺撒奠下了日后掌权的基础。

没有退路才有出路。很多时候，只有看到自己的后路断了，才会激起斗志，才会去放手一搏，为自己赢得出路。历史上很多成就大事业的人正是因为有了置之死地而后生的精神，勇往直前，最后才成为大赢家。

不留退路，其实是一种破釜沉舟的勇气。有了这种勇气，才能拿出全部精力，全力以赴地投入，最终取得成功。也许做任何事之前考虑得全面，想好退路，是一种生活的智慧，是成功的前提，但是这也少了一份勇往直前的勇气。有些时候，只有不留退路，才有出路；只有斩断退路，才能激起殊死一搏的斗志。

常言道：有压力才有动力。若要让自己的人生有所突破，有所成功，就必须给自己更大的压力，逼自己尽最大的努力。这时，选择自断退路确实是一个绝好的方式。斩断退路，就斩断了自己的惰性；斩断退路，就斩断了为自己回旋的余地，这样才能义无反顾地迈向成功的终点。相反，若心存侥幸，则会因留有后路而一败涂地。

不留退路，就是给自己一条出路。当千载难逢的机会降临到我们的面前时，当某件事情发展到了生死关头时，人需要有一点破釜沉舟的精神。正是因为面临这种无退路的境地，人才能集中精神奋勇向前，才能最大限度地调动自己的潜能，从生活中争得属于自己的位置。

在很多时候，我们都需要一种斩断自己退路的勇气。因为身后有退路，我们就会心存侥幸，前行的脚步也会放慢；如果身后无退路，我们就能集中全部精力，勇往直前，为自己赢得出路。

冷静应对，危机也可以转化为契机

在人生的道路上，总是有许多不可预测的危机潜伏在我们的身边。危机既给我们带来了威胁，又给人类社会不断发展提供了驱动力。因为，危机与契机是紧密相连的，只要处置得当，危机也可以转化为契机。

一场危机是一场灾难，同时也潜藏着机遇。结果怎样，全看人们如何面对它。危机与契机之间仅一线之隔，有时候就看我们是否能将劣势化为优势，将危机化为契机。经商也是如此。世界上任何危机都孕育着商机，且危机愈大商机愈大。

法国矿泉水产量居世界第一位，巴黎水（Perrier）是其中的佼佼者，有"水中香槟"之美誉。巴黎水年产超过10亿瓶，60%销往国外，在美国、日本和西欧等地，巴黎水成了法国矿泉水的象征。1990年2月初，美国食品及药物管理局宣布，经抽样调查发现，巴黎水中含有超过规定2～3倍的化学成分——苯，长期饮用可能致癌。

消息一传出，无疑是对巴黎水当头一棒！外界舆论纷纷猜测：法国这一块名牌要倒了！面对这种情况，怎么办？一般公司只是收回那些不合格产品，并向消费者致歉，以求息事宁人，大事化小，小事化了，但从此，消息者也就不再相信这种产品了。要想再达到以前的声誉，真是难乎其难。

在此危急关头，董事长勒万非常镇静。经过慎重考虑，他决定采取一些措施，不仅要设法走出危境，而且还要将这件事变成对巴黎水的宣传，变害为利，并好好利用此机会大赚一把。

他在记者招待会上宣布：就地销毁已经销往世界各地的1.6亿瓶矿泉水，随后用新产品加以抵偿。

如果说，发现含苯量过高还算不上什么大新闻的话，那么"回收和销毁全部产品"这件事一定是当天的头号轰动新闻。这是一种疯狂的行动，更是一场信心战。对这一举动，法国政府总理当即表示赞赏。果然，在宣布这一决定的第二天，股票牌价就回升了2.5%。

接着，公司公布了此次事故是人为技术失误的，差错在于：在净水处理过程中滤水装置没有按期更换，而不是水源被污染，从而安定了人心。由于饮用习惯及对该公司的信任，在美国仍有85%的消费者继续购买巴黎水。首战告捷，接下来的第二招便是一场恢复信誉、巩固市场的宣传攻势。

巴黎水重新上市的那天，巴黎几乎所有的报纸杂志都用整版刊登了它的广告，画面是人们熟悉的巴黎水，唯一不同的是瓶子上增加了几个鲜明的字样——"新产品"。

同一天，法国驻纽约总领事馆举行巴黎水新产品重新投放市场新闻发布会。翌日，巴黎水美国分公司总经理仰首痛饮巴黎水的照片登上了各大报纸的头版。

不久，巴黎水广告在电视屏幕上出现。一只小绿瓶，一滴水从瓶口沿着瓶身流淌，犹如眼泪一般。画外音是，巴黎水像是一个受了委屈的小姑娘在呜咽低泣，一个如同父亲般的声音娓娓地劝慰她不要

哭：“我们仍旧喜欢你。”

巴黎水的牌子顷刻间家喻户晓，甚至有些以前不知道它的人也都知道了。每个人都期待着新的产品上市后去品尝一下，这就产生了间接的巨大广告效应。

通过这一连串奇特的宣传攻势，巴黎水矿泉水反而更受消费者的青睐。

天无绝人之路。有时候，危机也是一种契机。没有人愿意遭遇危机，也没有真正意义上的绝对危机，有的只是对待危机的不同态度和行动。如果你善于应对危机，化险为夷，那么你就能在危机中寻求商机，趁"危"夺"机"。

其实，危机并不可怕，也并非不可逾越，可怕的是不知道危机的来临，不懂得危机的应对。只要我们有积极的危机意识，注重收集和分析信息，完全可以从危机中找到商机。事实上，在危机中，机会无所不在，只要抓住了它们，我们就能化"危机"为"契机"。

第三章　提高效能，做事讲求高效率

合理分配，如何把时间安排得更好

当今社会是一个追求速度、讲究效率的社会。时间决定效率，荒废时间就是荒废效率乃至生命。因此，如何合理安排时间、有效掌握时间是我们每个人必须学习的一门艺术。

时间是最公平的，不论贫富贵贱，每个人每天所拥有的时间都是一样多；时间又是最不公平的，每个人每天取得的成就绝不会一样多。那是因为每个人在时间观念上的认识不同所致。

把同样的工作交给不同的人，他们完成工作所耗费的时间却各不相同。有些人要花上一星期才完成的工作，有些人却只需要一天的时间。为什么会有这样大的差别？这除了学识和能力不同外，还因为时间管理不同。做事效率高的，往往时间管理较好；而做事效率低的，则时间管理较差。

有这样一个事例：

一个人想泡壶茶喝。当时的情况是：开水没有；水壶要洗，茶壶茶杯要洗；火生了，茶叶也有了。怎么办？办法一：洗净水壶，灌上凉水，放在火上，坐待水开；水开了之后，急急忙忙找茶叶，洗茶

壶茶杯，泡茶喝；办法二：先做好一些准备工作，洗水壶，洗茶壶茶杯，拿茶叶；一切就绪，灌水烧水；坐待水开了泡茶喝。办法三：洗好水壶，灌上凉水，放在火上；在等待水开的时间里，洗茶壶、洗茶杯、拿茶叶；等水开了，泡茶喝。哪一种办法最省时间？我们能一眼看出第三种办法最好，前两种办法都浪费了时间。

由此可见，合理安排时间，就等于节约时间。每个人的时间都是相等的，但是在相等的时间里所从事的工作、所做出的业绩却是不相等的，这就是每个人的效率不同。要想切实提高效率，掌控好时间就显得至关重要。

三年前，李明俊还是一个收入很低的销售员，每天工作超过十四个小时，年收入2万元。但现在，他每天只工作四小时，收入却是以前的十倍。换算一下，他的时间报酬率竟然是以前的三十五倍！省下来的时间，他用来学习MBA和打球。

李明俊的时间复利是如何产生的？有一天，他工作到疲惫不堪时，偶然读到帕雷托的"80/20法则"："20%的意大利国民，创造全意大利80%的财富"，而不可思议的是，这法则适用于所有的事情。也就是说，"80%的产出，其实只来自20%的投入，只要将时间专注在那20%上，你就可以多出80%的时间。"重点是，你必须找出那关键的20%！

李明俊仿佛发现了新大陆，立刻摊出客户与业绩的关系图，他发现，果然公司80%的业绩，是由不到20%的客户撑起来的；但其他80%的客户却占据他过去大部分的时间，于是，他当机立断，把时间重新分配，不再主动理会那些可有可无的客户，专心服务那20%的客户。接着，他将此法则，运用到了信息处理、客户拜访等各方面。于是，他从一名普通的销售员，晋升为销售经理。

人们的时间和精力是有限的。面对错综复杂的事务，要想应对自如，得心应手，就要根据计划和目标，科学地分配和利用好自己的时间。

有句话说得非常好："有效的时间管理，就是一种追求改变和学习的过程。"时间对于每个人都是公平的，一个人的一天永远只有24个小时，有的人可以过得很从容，有的人却常常把自己弄得凌乱不堪。"没有时间"是个蹩脚的借口，有没有时间都是你自己选择的结果。

琳达受聘于一家顾问公司，她平均每年要负责处理数百宗案件，而且她的大部分时间都是在飞机上度过的。这在常人看来几乎是难以完成的任务，因为任务太重，时间太紧了。然而琳达却能够将自己的工作处理得游刃有余。她认为和客户保持良好的关系非常重要，由于自己的大部分时间是在飞行中，所以，为了提高工作效率，她就在飞机上争分夺秒地给客户们写邮件。她说："我已经习惯这样了，这样能够让我充分利用一切可以利用的时间，同时也能保证我工作的高效与按时完成，何乐而不为呢？"

一位等候提行李的旅客对她说："在近3个小时里，我注意到你一直在写邮件，相信你一定会得到老板重用的。"

琳达则笑着说："不瞒你说，我早已是公司的副总了。"

那些善于管理时间的员工，不仅能在有限的时间内轻松而高效地完成工作，同时也会得到公司的认可与重用。

管理学家杰克·弗纳认为，时间管理就是有效地应用时间这种资源，以便我们快速地达成个人的重要目标。需要注意的是，时间管理本身永远不应该成为一个目标，它只是一种被我们使用并且逐步形成的行为习惯。

美国总统林肯先生曾说过："每个人都要树立时间观念，都应珍惜

时间，都要学会利用有限的时间，在限定的时间内办完事，把握零碎的时间，做好时间管理的计划。"的确如此，时间管理的目的就是把时间做最有效率的利用，完成我们所珍视的人生目标。也可以这么说，时间管理得好，我们就能有时间做完该做的事，并能享受所想做的事。

明确目标，带着目的做事

现实生活中，许多人之所以一事无成，最根本原因在于他们不知道自己到底要做什么。所以说，明确自己的目标和方向是非常必要的。只有在知道你的目标是什么、你到底想做什么之后，你才能够达到自己的目的，你的梦想才会变成现实。

曾有一个青年人因为工作问题跑来找拿破仑·希尔，这个青年人眉清目秀、举止大方，聪明伶俐，大学毕业已经4年，尚未结婚。

他们先谈论了青年人目前的工作、受过的教育、背景和对工作的态度，接着拿破仑·希尔对青年人说："你找我帮你换工作，你喜欢哪一种工作呢？"

青年人说："这正是我来找你的目的，这也是我一直所苦恼的事情，我真的不知道自己想要干什么！"

拿破仑·希尔又问道："让我们从这个角度看看你的计划。10年以后你希望怎样呢？"

青年人想了想："我期待我的工作和别人一样，待遇优厚并且有能力买一栋房子和一辆汽车。当然，我还没有深入思考过这个问题呢。"

拿破仑·希尔继续解释道："那是很自然的，你现在的情况就好比跑到火车站的售票处说'给我一张火车票'一样。除非你说出你的目的地，否则售票员没办法卖给你车票。我只有知道你的目标，才能帮你找工作。换而言之，你自己确定了自己的目标了吗？"

青年人陷入了沉思之中。拿破仑·希尔也确信，青年人已经学到了人生最关键的一课，那就是：你出发之前，一定要有明确的目标。

可见，一个人如果没有明确的目标就没有做事的标准，也就失去了做事的动力。而如果有了目标，就有了奋斗的方向和为之奋斗的计划。

目标不仅是奋斗的方向，更是一种对自己的鞭策。有了目标，才会有热情、有积极性、有使命感和成就感，才能最大限度地发挥自己的优势，调动沉睡在心中的那些优异、独特的品质，成就自己璀璨的人生。

无论你做什么事，在你心中都要先有一个明确的目标。有了目标，有了指引前进方向的指南针，你的人生就会变得有目的，有追求，一切似乎清晰、明朗地摆在你的面前。什么是应该去做的，什么是不应该去做的，为什么而做，为谁而做，所有的问题都是那么明显而清晰。

有一位心理学家做过这样一个试验：他自发地组织了三组人，让他们分别向10英里（1英里=1.6公里）以外的一个城镇进发。

第一组的人既不知道城镇的名字，也不知道路程有多远，只告诉他们跟着向导走就行了。刚走出两三英里，就开始有人开始抱怨路途太远。走到一半的时候，甚至有人愤怒地质问："还要走多远？"再走一会儿，有人干脆坐在路边不走了……

第二组的人知道城镇的名字和路程，但路边没有里程标志，只能凭经验估计行程的时间和距离。走到一半的时候，有人开始问还要走多少时间。走到 3/4 的时候大家情绪开始低落，觉得疲惫不堪。当听到有人说："快到了！"大家又振作起来，加快了行进的步伐。

第三组的人不仅知道城镇的名字和路程，而且路边每一英里都有

里程标志，人们边走边看，边走边唱，用歌声和笑声消除疲劳，情绪一直很高，所以很快就到达了目的地。

心理学家由此得出这样的结论：当人们有了明确目标时，其行动的热情和动力便会得到维持和加强，就会自觉地克服一切困难，努力去实现目标。

对于每一个人来说，重要的是要有明确的目标，要对自己的人生有个恰如其分的设计。只有明确的行动目标才会有为之奋斗的不竭动力。目标就是希望，目标就是挖掘潜能的动力。

哲学家爱默生曾说过："当一个人知道他的目标时，这个世界都会为他开路。"的确，给自己一个梦想，一个目标，把它深藏于心，每天不断地提醒自己目标一定会实现的，并且为了这个目标，制定一个详细而周全的计划，不断地检验计划的执行情况，你就一定能够获得成功。

化繁为简，让事情变得简单

老子说"大道至简"，最深奥的道理是简明的。做事亦如此。为了提高做事效率，我们要倡导的就是将复杂的事简单做。

一家国际知名日化企业和中国南方一家小日化工厂分别引进了一套相同的肥皂包装生产线，但是投入使用后却发现这套设备自动把香皂放入香皂盒的环节存在设计缺陷，每100只皂盒中就有1至2个是空的。这样的产品投入市场肯定不行，而人工分拣的难度与成本又很高，于是，这家跨国大公司就组织技术研发队伍，耗时1个月，设计出了一套重力感应装置——当流水线上有空肥皂盒经过这套感应装置时，计算机检测到皂盒重量过轻以后，设备上的自动机械手就会把空皂盒取走。这家公司对于为这台设备打的"补丁"深感得意。而我国南方这家小日化工厂根本没有研发资金与实力去开发这样的补丁设备，老板只甩给采购设备的员工一句话："这个问题你解决不了就给我走人！"结果这位员工到旧货市场花30元买了个二手电风扇放在流水线旁，当有空皂盒经过开启的风扇时就会因为很轻而被吹落。问题同样解决了。

同样的问题，一个花了大量的时间和精力设计一套重力感应装置，而另一个却用一个简简单单的风扇就把问题解决了。后面的方法更简单易行，而且省力、省时、省钱，这样的方法就是好方法，能想出这种简单易行的方法的员工自然会让老板对他刮目相看。

"复杂"与"简单"是两个相对的概念。要想认识这两个概念，应该具有辩证思维。复杂问题解决起来未必就困难，简单问题解决起来也不一定就容易。因此，面对复杂问题，我们应该善于运用简单性思维，学会复杂问题简单操作。这种"简单"，并非是把问题简单化，而是揭开问题复杂性的外衣，或由繁入简，或删繁就简，直刺问题的本质。

当年，迪士尼乐园经过三年施工，即将开放，可路径设计仍无完美方案。一次，总设计师格罗培斯驱车经过法国一个葡萄产区时，一路上看到不少园主在路旁卖葡萄，少人问津，山谷前的一个葡萄园却顾客盈门。原来，那是一个无人看管的葡萄园，顾客只要向园主付5法郎，就可随意采摘一篮葡萄。该园主让人自由选择的方法，更受顾客青睐。

设计师深受启发，他让人在迪士尼乐园撒下草种，不久，整个乐园的空地就被青草覆盖了。在迪士尼乐园提前开放的半年里，人们在草地上踩出了许多小径，这些小径优雅而自然。后来，格罗培斯让人

按这些踩出的路径铺设了人行道。结果，迪士尼乐园的路径设计被评为世界最佳设计。

我们在做任何事情的时候，千万不要把事情过于复杂化，简单的事情就是简单，太多的顾虑反而会让我们走弯路，事情的结果也会和我们希望的相反。

很多时候，事情本来很简单，只是被人为地复杂化了，不仅费时费力，还浪费成本。我们所强调的做事简单化，实际上是一种讲实际、求实效的作风，是一种事半功倍的做事方法，它能以最小的代价求得最大最好的效果。

在当今快速紧凑的工作节奏中，化繁为简是最好的做事方法。因为复杂的东西往往很难迅速达到目标，不能迅速达到目标也就没有了效率。化繁为简有利于提高效率，使人们从繁忙的事务中解脱出来。以简单来驾驭烦琐是一种境界，也是一个人做事能力的显现。

将问题简单化，其关键点是要找到问题的关键。只有找到了问题的关键，问题才能够迎刃而解。

世界是复杂的，但也是简单的，我们常常被自己的习惯性思维禁锢，从而把简单的事情弄复杂了。如何让复杂的事情回归简单，从而根除"复杂病"，是我们每一个人需要思考的问题。

高效执行，办事要向行动要结果

古人云："事虽小，不为不成；路虽近，不行不到。"意思是说看似很小的事情，你不去做便不能成功；很短的一段路程，如果不去走，那么也不会到达终点。成功需要你将想法转化为行动，只有有了行动你才会收获成功。

在《为学》中有一个关于穷和尚和富和尚的故事，翻译如下：

在四川的偏远地区有两个和尚，其中一个贫穷，一个富裕。

有一天，穷和尚对富和尚说："我想到南海去，您看怎么样？"

富和尚说："你凭借什么去呢？"

穷和尚说："一个小瓶，一个饭钵就足够了。"

富和尚说："我多年来就想租船沿着长江南下，现在还没做到呢，你凭什么走？"

第二年，穷和尚从南海归来，把去南海的事告诉了富和尚，富和尚深感惭愧。

你可以界定你的人生目标，也可以认真制定各个时期的目标，但如果你不行动，还是会一事无成。冥思苦想，谋划着自己如何有所成就，是不能代替身体力行去实践的，没有行动的人只是在做白日梦。

心动不如行动。再美好的梦想与愿望，如果不能尽快在行动中落实，最终只能是纸上谈兵，空想一番。有人说，心想事成。这句话本身没有错，但是很多人只把想法停留在空想的世界中，而不落实到具体的行动中，因此常常是竹篮子打水一场空。所以，有了梦想，就应该迅速行动起来。坐在原地等待机遇，无异于盼天上掉馅饼。

海尔总裁张瑞敏在一次会议上问了一个问题："怎么样才能让石头在水上浮起来？"有人回答说："把石头挖空。"也有人回答说："给石头绑上木块……"对于这些答案，张瑞敏摇了摇头。这时，有一个员工回答说："用很快的速度掷出去——打水漂！"张瑞敏深表赞同地点点头。原来，张瑞敏想通过这个问题让海尔的员工明白：要想实现梦想，就必须快速行动。

　　的确，如果不能将计划付诸行动，无论多么好的计划，都只是一纸空谈。

　　生活中，我们往往会为自己勾画一个十分美好的蓝图，但能够实现的却少之又少。原因何在？只是因为这仅仅是计划和想法而已，没有真正付诸行动。

　　美国钢铁大王卡内基因果断的执行力而闻名。

　　有一次，一位年轻的支持者向卡内基提出了一项大胆的建设性方案，在场的人全被吸引住了，它显然值得考虑。当其他人正在琢磨这个方案、进行讨论时，卡内基立即向华尔街拍电报，以电文方式陈述了这个方案。

　　在当时，拍一封电报显然花费不菲，但1000万美元的投资立项却正因为这个电文而被拍板签约。如果卡内基也和大家一样只是热衷于讨论而不付诸行动，这项方案极可能就在小心翼翼的漫谈中流产了。

　　有很多人都折服于卡内基的办事能力，羡慕他所取得的成就，却没有意识到卡内基的成功源于他在长期训练中养成的立即行动的工作风格。

　　美国著名时间效率专家兰肯曾说过："面对任何任务，没有不可能完成的，没有特别可怕的，你需要的仅仅是开始做起来，这才是你最应该关注的。因为它将使你获得继续行动的动力，而这样的'仅仅做起来'也最终会带领你走向成功。"而另一位现代商业社会中的成功人士，英国迪阿吉奥饮料集团公司的创始人尤拉·霍尔这样对他的传记作者说："在我开始创业的时候，我从来没有想过有什么事情是我害怕去做的，我首先想的是如何赶快开始，赶快将自己的想法变为实际的行动，这样我才能获得我想要的一切。"

　　在面对自己的梦想，面对自己的工作任务时，也许会有很多人劝阻你，你也可能会面对很多的问题与疑虑，但是，你首先要勇敢地放弃种种毫无意义的害怕与怀疑。迈出第一步是很重要的，但更重要的是在迈出第一步之前就下定决心，用行动而不是用害怕和猜疑去面对事实。

美国联合保险公司的总裁克莱门特·斯通从他坎坷的创业史中由衷地感慨："'行动第一'是我最大的资产，这种习惯使我的事业蒸蒸日上。"毫无疑问，那些成大事者都是勤于行动的大师。在人生的道路上，我们需要的是用实际行动来证明自己和兑现自己曾经心动过的金点子！

只有敢于行动的人才能够抓住转瞬即逝的机会，也只有敢于行动的人才能够很快地将自己的想法付诸行动，而将自己的想法付诸行动才能够将想象的结果变为真正的现实。

拒绝拖延，今日事今日毕

山脚下有一堵石崖，崖上有一道缝，寒号鸟就把这道缝当作自己的窝。石崖前面有一条河，河边有一棵大杨树，杨树上住着喜鹊。寒号鸟和喜鹊面对面住着，成了邻居。

几阵秋风，树叶落尽，冬天快要到了。

有一天，天气晴朗。喜鹊一早就飞出去了，东寻西找，衔回来一些枯枝，忙着垒巢，准备过冬。寒号鸟却整天飞出去玩，累了才回来睡觉。喜鹊说："寒号鸟，别睡觉了，天气这么好，赶快垒窝吧。"寒号鸟不听劝告，躺在崖缝里对喜鹊说："你不要吵，太阳这么好，正好睡觉。"

冬天说到就到了，寒风呼呼地刮着。喜鹊住在温暖的窝里。寒号鸟在崖缝里冻得直打哆嗦，悲哀地叫着："哆啰啰，哆啰啰，寒风冻

死我，明天就垒窝。"

第二天清早，风停了，太阳暖烘烘的。喜鹊又对寒号鸟说："趁着天气好。赶快垒窝吧。"寒号鸟不听劝告，伸伸懒腰，又睡觉了。

寒冬腊月，大雪纷飞，漫山遍野一片白色。北风像狮子一样狂吼，河里的水结了冰，崖缝里冷得像冰窖。就在这严寒的夜里，喜鹊在温暖的窝里熟睡，寒号鸟却发出最后的哀号："哆啰啰，哆啰啰，寒风冻死我，明天就垒窝。"

天亮了，阳光普照大地。喜鹊在枝头呼唤邻居寒号鸟。可怜的寒号鸟在半夜里已经冻死了。

寒号鸟是可悲的，但这种悲剧是由谁造成的，难道是因为天寒吗？显然不是，天迟早是要寒的，但寒号鸟却没有做好御寒的准备，总是拖延垒窝，最终被冻死。

可见，时间是不等人的，我们必须养成每日事每日清的好习惯。每个人做每件事，都需要花费一定的成本，而时间就是其中之一。珍惜时间，无异于节约成本，珍爱生命。因为生命是有限的，对于每一个鲜活的生命而言，属于他的时间也是有限的。如果总是想着今天之后有明天，明天之后有后天，"明日复明日"地蹉跎下去，最终的结果必将是失去今天又放走了明天，反落得一事无成，抱憾终身！

昨天是期票，明天是支票，今天才是现金，万事等明天必然养成懒惰、拖沓的恶习，最终落得虚度年华，闲白少年头。因此，要想做到没有白白浪费有限的生命和时间，就应该做到今日事今日毕。

1999年7月中旬，美国洛杉矶地区的气温高达40度，路上的行人很少，因为没有人愿意在这么热的天气里活动。一次，因运输公司驾驶员的原因，运往洛杉矶的海尔洗衣机零部件多放了一箱，这件事本来不影响工作，找机会调回来即可，但美国海尔贸易有限公司零部件经理丹先生却不这么认为，他说：当天的日清中就定下了要调回来的内容，哪能把当日该完成的工作往后拖呢？于是丹先生冒着酷暑把这箱零部件及时调换了回来。

正是因为海尔集团有着这样一种绝不拖延，今日事今日毕的精神，才使得海尔跻身世界著名企业500强，海尔品牌誉满全球。

今日事今日毕，讲求的是执行力的问题。今日之事，今日尽可能地完成它，否则，就会将今天的事情拖延到第二天。昨日之事昨日死，今日之事今日生，每一天都会有许多不同的问题等待我们去解决，如果事情累积，就会造成做事的进度和质量的差异，而由此将会为你带来一系列的质疑和麻烦。这是做事禁忌，也是个人做事能力的体现。

今日事今日毕是一种良好的做事习惯，也是一种积极负责的做事态度。如果你养成一种今日事今日毕的习惯，你就会受益无穷。今日事今日毕，不仅可以加快你的办事速度，而且可以使你享受到完成任务的喜悦。你可能没有丰富的学识，也没有不同凡响的能力，但只要坚持做到今日事今日毕，你就是一个优秀的人。当你养成了今日事今日毕的做事习惯并把它当作自己的行为准则时，你离成功就不远了。

注重细节，提高效率

中国道家创始人老子有句名言："天下难事必作于易，天下大事必作于细。"意思是天下的难事必定从容易的做起，做大事必须从小事做起。其实，做任何事都是如此。

凡成大事者都必须从小事做起，注重每一个细节问题。美国总统尼

克松曾说："伟大乃处处注意细节的积累。"拿破仑也曾说过："从成功到灾难，只有一步之差，我的经验是，在每一次危机中一些细节往往决定全局。"细节就像"一粒石""一滴水"，我们只有把细节的事情做好做透，日积月累，才会成功，才能成就伟大的事业。

美国伯杜饲养集团董事长弗兰克·伯杜的成功与懂得注重细节有关。

弗兰克·伯杜家有一个很大的养鸡场。在弗兰克·伯杜10岁的时候，父亲给了他50只鸡让他饲养。当然，这一切是有条件的：一是这些鸡都是父亲挑剩的劣质仔鸡；二是养鸡要自负盈亏。

伯杜欣喜若狂，信心十足地开始了自己的第一次经营。由于对养鸡的事一窍不通，于是他便认真观察起鸡来。在伯杜的精心饲养下，那些原本病弱的小鸡茁壮成长。后来，这些原本劣质的鸡雏产蛋量远远超过了父亲的那些良种鸡。

父亲对伯杜的评价是："你是一个能够注意到细小的环节，并且能够认真实施和改进的孩子。"

再后来，父亲将一部分鸡场交给了伯杜管理经营。事实进一步证明了伯杜的管理和销售能力，他管理的几个鸡场的效益都超过了父亲。当伯杜19岁的时候，父亲将整个家禽养殖场都交给了他。

弗兰克·伯杜在回忆过去时说："注意事物的每一个细节，使我对整体事物的把握更加自信。我后来的一切智慧，无非是在这个基础上更加努力地思考而已。"

细节来自于用心。认真做事只能把事情做对，用心做事才能把事情做好。成功者的共同特点就是善于发现常被人们忽视的细节，能把每一件小事做到完美。我们在工作中所做的都是一些小事，都是由一些细节组成的，只有具备高度的敬业精神，良好的工作态度，认真对待工作，将小事做细，才能在细节中找到创新与改进的机会，从而不断提高效率。

"世界上最伟大的推销员"乔·吉拉德认为，卖汽车，人品重于商品。一个成功的汽车销售商肯定有一颗尊重普通人的爱心。他的爱心体现在他的每一个细小的行为中。

有一天，一位中年妇女从对面的福特汽车销售商行走进了乔·吉拉德的汽车展销室。她说自己很想买一辆白色的福特车，就像她表姐开的那辆，但是福特车行的经销商让她过一个小时之后再去，所以先到这儿来瞧一瞧。

"夫人，欢迎您来看我的车。"乔·吉拉德微笑着说。妇女兴奋地告诉他："今天是我55岁的生日，想买一辆白色的福特车送给自己作为生日礼物。""夫人，祝您生日快乐！"乔·吉拉德热情地祝贺道。随后，他轻声地向身边的助手交代了几句。

乔·吉拉德领着夫人从一辆辆新车面前慢慢走过，边看边介绍。在来到一辆雪佛兰车前时，他说："夫人，您对白色情有独钟，瞧这辆双门式轿车，也是白色的。"就在这时，助手走了进来，把一束玫瑰花交给了吉拉德。他把这束漂亮的鲜花送给夫人，再次对她的生日表示祝贺。

那位夫人感动得热泪盈眶，非常激动地说："先生，太感谢您了，已经很久没有人给我送过礼物了。刚才那位福特车的销售商看到我开着一辆旧车，一定以为我买不起新车，所以在我提出要看一看车时，他就推托说需要出去收一笔钱，我只好上您这儿来等他。现在想一想，也不一定非要买福特车不可。"就这样，这位妇女就在吉拉德

这儿买了一辆白色的雪佛兰轿车。

上述案例只是乔·吉拉德在推销工作中注重细节、依靠细节制胜的一个片段、一个缩影，然而正是这许许多多的看似不起眼的细小行为，使吉拉德取得了辉煌的成就，后来，他被"吉尼斯世界纪录大全"誉为"全世界最伟大的销售商"，创造了12年推销13000多辆汽车的最高纪录。有一年，他卖出了1425辆汽车，在同行中传为美谈。

注重细节，就要甘于平淡，认真做好每一件小事，成功就会不期而至，这就是细节的魅力，是水到渠成后的惊喜。

一般来讲，细节往往能反映一个人的专业水准，突出一个人的内在素质。灿烂星河是因无数星星汇聚而成的，成功也是由一个个细节构成的，我们要想实现事业上的突破，就要学会注重细节，从小事做起，并养成处处注重细节的好习惯。这样才能够一步步向前迈进，一点一滴积累资本，抓住瞬间的机会，实现新的突破，并让自己具备越来越强的竞争力。

第四章　方法为王，做事也要讲方法

用对方法做对事

成功的秘密就是用对方法做对事。世上没有办不成的事，只有不懂用对方法的人。一个会做事的人，可以在纷繁复杂的环境中轻松自如地驾驭人生局面，凡事逢凶化吉，把不可能的事变为可能，最后达到自己的目的。这关键是看你用什么方法、用什么技巧、用什么手段。

一个人的成功取决于做事的结果，而结果取决于做事的方法。如果不掌握正确的做事方法，一切结果都是不完美的或者是有缺陷的。所以我们在工作生活中，要勇于探索新的方法，迎接新的挑战，遇事多思考，多问几个为什么，做对事的概率才会更高，成功的可能性才会越大。

一家著名的企业，正在招聘业务员，为了招到真正有才干的人，要求每位应聘者必须经过一道测试：一个月内向和尚出售100把梳子。当应聘者们拿到这样一个题目后，几乎所有的人都表示怀疑：把梳子卖给和尚？这怎么可能呢？有没有搞错？于是，许多人都打了退堂鼓，最后只剩下甲、乙、丙三个人勇敢地接受了挑战。一个月的期限到了，三人回公司汇报各自的销售实践成果，甲仅仅卖出一把，乙卖出10把，丙居然卖出了1000把！同样的条件，为什么结果会有这么

大的差异呢？公司请他们谈谈各自的销售经过。

甲说，他跑了三座寺院，无数次被和尚驱逐，但仍然不屈不挠，终于感动了一个小和尚，才卖了一把梳子。

乙去了一座名山古寺，由于山高风大，很多前来进香的善男信女的头发都被吹乱了。乙找到住持说："蓬头垢面是对佛的不敬，应在每座香案前放把木梳，供善男信女梳头。"住持认为有理，那座庙共有10座香案，于是住持买了10把梳子。

丙来到一座颇负盛名、香火极旺的深山宝刹，对方丈说："凡来进香者，都有一颗虔诚之心，宝刹应有回赠，保佑平安吉祥，鼓励多行善事。我有一批梳子，您可在上面刻上'积善梳'三字，然后作为赠品。"方丈听罢大喜，立刻买下1000把梳子。

听完三位应聘者的讲述，公司认为，三个人代表着推销工作中三种类型的人员，各有特点。甲是一位执着型推销人员，有吃苦耐劳、锲而不舍、真诚感人的优点；乙具有善于观察事物和推理判断的能力，能够大胆设想；而丙呢，他通过对目标人群的分析研究，大胆创意，有效策划、开发了一种新的市场需求。由于丙过人的智慧，公司决定聘请他为营销部的经理。

更令人振奋的是，丙的"积善梳"一出，一传十，十传百，朝拜者更多，香火更旺。于是，方丈再次向丙订货。这样，丙不但一次卖出1000把梳子，而且还获得了长期的订单。

由此可见，正确的方法是高效解决问题的关键所在，它可以使很多难题迎刃而解；正确的方法也是你取得突出业绩的决定性因素，可以让你迈向优秀、成就卓越。

方法是解决问题的金钥匙，是成功的通行证。找不对方法，再怎么努力都是徒劳。生活中，只要我们用心地去找对方法，再加上努力，在竞争激烈的今天就能一路披荆斩棘、乘风破浪，夺取胜利的制高点。

专注目标，一次只做一件事

专注是一种精神，它不仅仅是一种外在的行动体现，更是一种执着、坚持不懈的心态。专注就是把意识集中在某一个特定欲望上的行为，并要一直集中到已经找出实现这项欲望的方法，而且坚决地将之付诸实际行动。

有一个年轻人，到少林寺向师父拜师学艺，准备练好武功之后，替父亲报仇，因为他父亲无端地被盗匪杀死了。年轻人问道："请问师父，我要练多久，才能出师？"

"大概5年吧！"师父说。

"啊，这么久啊？"年轻人急切地问，"假如我比其他弟子加倍地努力，是不是可以提早学成武功呢？"

"这样子的话，你大概需要10年！"师父说。

"什么？10年？那如果我再加倍地努力学习呢？"

"20年吧！"师父淡淡地回答。

这时，年轻人愈听愈糊涂，说："师父啊，怎么我越是加倍地练习，我学成武功的时间就越长呢？"

"因为，当你的一只眼睛一直盯着看结果时，你就只剩下一只眼睛可以专注于练习了！"师父说。

分散精力是世界上最大的浪费。我们只有专注于一个目标，全身心地投入去做，才会心想事成。成大器者的基本素质，就是对事业充满热爱，

对工作十分专注。任何一个人要想把事情干成功，都需要具备一定的专注能力。

一家公司在招聘员工时，特别注重考察应聘者的专心致志的工作作风。通常在最后一关时，都由董事长亲自考核。现任经理要职的约翰逊在回忆当时应聘时的情景时说："那是我一生中最重要的一个转折点，一个人如果没有专注工作的精神，那么他就无法抓住成功的机会。"

那天面试时，公司董事长找出一篇文章给约翰逊说："请你把这篇文章一字不漏地读一遍，最好能一刻不停地读完。"说完，董事长就走出了办公室。

约翰逊想：不就读一遍文章吗？这太简单了。他深吸一口气，开始认真地读起来。过了一会儿，一位漂亮的金发女郎走过来。"先生，休息一会吧，请用茶。"她把茶杯放在桌子上，冲着约翰逊微笑着。约翰逊好像没有听见也没有看见似的，还在不停地读。

又过了一会儿，一只可爱的小猫伏在了他的脚边，用舌头舔他的脚踝，他只是本能地移动了一下他的脚，这丝毫没有影响他的阅读，他似乎也不知道有只小猫在他脚下。

那位漂亮的金发女郎又飘然而至，要他帮她抱起小猫。约翰逊还在大声地读，根本没有理会金发女郎的话。

终于读完了，约翰逊松了一口气。这时董事长走了进来问："你注意到那位美丽的小姐和她的小猫了吗？"

"没有，先生。"

董事长又说道："那位小姐可是我的秘书，她请求了你几次，你都没有理她。"

约翰逊很认真地说："你要我一刻不停地读完那篇文章，我只想如何集中精力去读好它，这是考试，关系到我的前途，我不能不专注。"

　　董事长听了，满意地点了点头，说："小伙子，你表现不错，你被录取了！在你之前，已经有50人参加考试，可没有一个人及格。"他接着说："现在，像你这样有专业技能的人很多，但像你这样专注工作的人太少了！你会很有前途的。"

　　果然，约翰逊进入公司后，靠自己的业务能力和对工作的专注和热情，很快就被董事长提拔为经理。

　　看来，专注本身并不神奇，只是控制注意力而已。一个人只要能够集中注意力，就能摒弃外界的一切干扰，专注地去做好一件事，从而取得最终的成功。

　　每次只做一件事情，对提高效率至关重要。做好一件事情，需要凝聚心神、心无旁骛，这样我们才可能最大限度地发挥潜能。而频繁地从一件事转换到另一件事则是浪费时间和精力的做法。基于这个道理，我们在做事时应该避免不必要的转换，要尽可能把一件事情做好、做透、做到位，然后再考虑下一件事。

　　总之，专注做好一件事，是获取成功不可或缺的品质。当你能够一心一意去做好每一件事时，你会发现自己做起事来会更快，更有效率。正如作家西塞罗所说："任凭人怎么脆弱，只要把全部的精力倾注在唯一的目的上，必能有所成就。"

事前想清楚，事后不折腾

　　有计划去做事，则事半功倍。无计划去做事，则事倍功半。很多人抱怨自己做事效率低，抱怨自己该做的事没做，该重点做的也没有重点做，

经常错漏百出，却不知道原因何在，其实，这是因为我们没有认真去计划做事。

古人讲：凡事欲则立，不欲则废。说的就是计划的重要性，大到对组织、人生长远规划的策划，小到工作、生活中具体事情。计划先行，此乃一切事物成功之基础。

计划是解决问题的方针和策略。确定目标、制订计划、根据计划采取行动，这些步骤构成了人生的一条条轨迹。思考问题、制订计划等行为释放了个人的心智潜能，激发了人的创造力，使我们脑力和体力方面的能量得到增强。反之，正如亚历克斯·麦肯齐所言："没有计划的行动是所有失败的罪魁祸首。"没有计划、没有条理的人，无论从事哪一行都不可能取得成功。

1911年，有两支雄心勃勃的探险队，他们要完成一项艰巨而伟大的任务，就是踏上南极。

一支探险队的领队是挪威籍的探险家阿尔德·阿曼森。队伍出发前，阿曼森仔细研究了南极的地质、地貌、气象等问题，还细致地研究了极地旅行者的生存经验。于是，制定出一个最佳的行动策略：使用狗拉雪橇运送一切装备与食物，为了与之相匹配，在队员选择上，他们将滑雪专家和驯狗师吸纳进队伍。

为完成到达南极这一伟大目标，阿曼森将目标分解为一个个小目标：每天只用6小时前进15~20英里（1英里=1.6公里），大部分工作皆由狗来完成。这样人与狗都有充沛的精力，以迎接第二天新的挑战。

为了顺利实现目标，领队阿曼森事先沿着旅程的路线，选定合适的地方储存大量补给品，这些准备将减轻队伍的负荷。同时，他还为每个队员提供了最完善的配备。阿曼森对旅途中可能发生的每一种状况或问题都进行了分析，依此，设计好周全的计划与预备方案。

　　这些有备无患的措施，使他们在向南极的挺进中，即使遇到了问题也能很顺利地解决。最终，他们成功地实现了自己的夙愿，使挪威的国旗第一个插在了南极。

　　几乎是同期进发的另一支探险队是由英国籍的罗伯特·史考特所率领的。这支队伍采取了与阿曼森截然不同的做法：他们不用狗拉雪橇，而采用机械动力的雪橇及马匹。结果，旅程开始不到五天，马达就无法发动，马匹也维持不下去了，当他们勉强前进到南极山区时，马匹被统统杀掉。所有探险队员只好背负起200磅（1磅=0.45千克）重的雪橇，艰难地行进。

　　在队员的装备上，史考特也考虑不周。队员的衣服设计不够暖和，每个人都长了冻疮，每天早上队员们要花费近一小时的时间，将肿胀溃烂的脚塞进长筒靴中。太阳镜品质太差，使得每个队员的眼睛都被雪的反射光所刺伤。更糟的是，粮食及饮水也不足，每个队员在整个行程中几乎处于半饥饿状态。史考特选择的储备站之间相距甚远，储备不足，标示不清楚，使他们每次都要花费大量的时间去寻找。更糟糕的是，原计划四个人的队伍，史考特临出发时又增添了一人，使粮食供应更加不足了。

　　这支探险队在饥饿、寒冷、疲惫甚至绝望中，花费了10个星期走完了800英里的艰辛旅程，精疲力竭地抵达了南极，当他们到达南极时，挪威的国旗已在此飘扬了一个多月。更惨的是，队员在顶着刺骨的寒风的回程中，不是病死了，冻死了，就是被暴风雪卷走了。这支探险队最终全军覆没了。

　　由此可见，好的计划是成功的开始。只有事前拟订好了行动的计划，梳理通畅了做事的步骤，做起事来才会应付自如。凡事三思而后行，事前多想一步，事中少一点盲点。只有做好规划，心中有蓝图，才能够临阵不乱，稳扎稳打地获得成功。

行动前制订周密可行的计划的能力，是衡量个人综合素质的基本尺度之一。计划越详尽，就越容易克服拖沓，越能积极采取行动。有位名人曾说过："你应当计划你的工作，在这方面所花的时间是值得的。如果没有计划，你肯定不会成为一个有效率的人。工作效率的中心问题是：你对工作计划得如何，而不是你工作干得如何努力。"

事实上，如果预先没有周详的计划，没有想好自己将要走的每一步，即使有再宏伟的目标也只能是望洋兴叹。有限的时间和精力都被所走的弯路消耗掉了，当好不容易回到正轨上来时，却发现自己已经没有力气走下去了。所以，无论我们想完成一项什么样的工作，开始之前都应该先制订一份计划，将任务分解成一个个具体的步骤，再根据轻重缓急来安排先后顺序，将它们写在一张纸上或者输入电脑中。这样我们可以随时看到每项工作，再一步一步地去完成它们。运用这种方法，我们会惊讶地发现自己的工作效率竟然提高得如此之快。

学会联手你的黄金搭档

在当今社会，仅凭一腔热血已经难以找到自己的立足之地了，当遇到自己力所不能及的事时，只有依靠别人的力量，才能找到成功的捷径。与人合作可以分担成本、让大事变小，让自己变得更加强大。世界上没有永恒的敌人，也没有永久的朋友，只有永久的利益。合作共存是永恒的生存智慧，达到双赢的目标合作才更具魅力。

哲学家威廉·詹姆士曾经说过："如果你能够使别人乐意和你合作，不论做任何事情，你都可以无往不胜。"合作是一种能力，更是一种艺术。唯有善于与人合作，才能获得更大的力量，争取到更大的成功。

二十多年以前，乔布斯在同学家的车库里结识了沃滋，当时他们都是中学生。这两个电脑迷想要一台"8800"，可是一时又凑不起钱，于是他们决定自己动手组装。乔布斯和沃滋卖掉了自己的一些东西，凑够钱准备装100套"苹果—I"计算机板，然后以每台50美元的价格售出，这样他们可赚回200美元，因为这正好够他们的本钱。

"苹果—I"是沃滋设计的，目标是降低成本。乔布斯拿着样品到当地的电脑商店去兜售，当时有一家商店只订了50台。他们说，社会上大部分人并不想买散装件，而是想买整机。这给了乔布斯最重要的市场信息，当时乔布斯仍无意做企业家。而这家商店的经营者却是个有心人。为了督促乔布斯去设计制作微电脑整机，他们把"苹果—I"故意装在了一只粗糙不堪看起来档次很低的木头盒里。当乔布斯再次到这家商店时，他们给设计者乔布斯展示了带有木头外壳的"苹果—I"，这促使乔布斯下决心去设计制作美观的外壳。乔布斯和沃滋终于决定设计、生产完整的微电脑了。这就是后来著名的"苹果—II"。

乔布斯和沃滋原来都是技术人员，当他们决定自己开公司后，遇到的首要问题是筹措资金。这时，风险企业家开始光顾这两位年轻人了。来光顾的第一位是唐·瓦伦丁，他是乔布斯和沃滋的老板介绍过来的。瓦伦丁来到乔布斯家后，看到乔布斯穿着牛仔裤，散着鞋带，留着披肩长发，蓄着一脸大胡子，无论怎么看，他都不像是一位企业家。瓦伦丁先生觉得不妥，因此未敢问津。但是瓦伦丁把乔布斯和沃滋介绍给了另外一位企业家——英特尔公司的前市场部经理马克·库拉。

这位精明练达的风险企业家对微型电脑业务十分精通。这位38岁的富翁来到乔布斯的车库，仔细询问并实地考察了"苹果"的样机，他当时提了一大堆问题。最后问起了关于"苹果"电脑的商业计划。

乔布斯和沃滋对买卖一窍不通，两人当时面面相觑，尴尬地说不出一句话来。

可是，马克库拉独具慧眼，看出了这两个小伙子是不会让他失望的，于是他告诉乔布斯和沃滋，一个详细的计划是吸引风险资本所必需的。此后，马克库拉给他们俩上了两星期的管理培训课，他们三个人日夜工作，制定了一项"苹果"电脑的研制生产计划。马克库拉首先将自己的91000美元作为先期投入，然后他又帮助乔布斯和沃滋从银行取得了25万美元的信贷。

接下来，他们三个人又带着计划去马克库拉熟识的风险投资家那儿游说，吸引了另外60万美元的资金。至此，苹果公司吸引进了接近100万美元的风险资本。他们聘请了33岁的迈克尔·斯科特当经理，因为他熟悉集成电路生产技术。马克库拉、乔布斯任正副董事长，沃滋任研究发展部副经理，于是，苹果微电脑公司就这样正式成立了，并且走上了飞速发展的道路。

一个好汉三个帮，一个好汉只凭单打独斗是做不成大事的。结交志同道合的朋友，丰富自己的人际资源，与朋友们互相鼓励，互相扶持，是成大事的重要前提。

合作是一种精神，这是每个人成功不可或缺的条件。良好的合作，能够突破自身的局限，将自身优势与他人的优势相结合，通过建立互利互惠的合作关系，实现"双赢"或"多赢"。

合作才有出路。在当今社会分工日益细密的情况下，靠个人的能力成功的机会很少。合作已经成了人的一种能力，是成功的基础。一个人最明智且能获得成功的捷径就是善于同别人合作。正如利皮特博士所说的："人的价值，除了具有独立完成工作的能力外，更重要的是赋有和他人共同完成工作的能力。"

只有在合作中寻求发展，与人联手，才能使事业越做越大。任何个人或是企业，要想谋求更大的发展，都不能单纯地依靠自身力量，而要学会合作。因为个人的力量总是有限的，与人联合则可以壮大自己。这不是一时或者短期的方法，而是一种长远发展的眼光和规划。

好风凭借力，送我上青云

一个人在事业上要想获得成功，除了靠自己的努力奋斗外，有时还要借助他人的力量才能事半功倍。

日本松下电器的创始人松下幸之助曾经说过这样一句话："我是用天下人的钱和天下人来办我的事情，我出售的只是服务而已。"毫无疑问，经营者要想赚大钱，将生意转化为企业，把自己由小商人变成大企业家，就必须要懂得巧妙地运用他人的智慧和金钱。

美国第一旅游公司副董事长尤伯罗斯在任第23届洛杉矶奥运会组委会主席时，创下了为奥运会盈利1.5亿美元的业绩。他正是靠着非凡的"借术"而成功的。

尽管奥运会是当今最热闹的体育盛会，而长期以来却一直没能使承办者走出亏损的困境。1972年在联邦德国慕尼黑举行的第20届奥运会所欠下的债务，过了很久才还清。1976年的加拿大蒙特利尔第21届奥运会，亏损10亿美元。而在1980年莫斯科举行的第22届奥运会耗资90多亿美元，亏损更是空前。

从1898年现代奥运会诞生以来，奥运会几乎变成了一个沉重的包袱，无论谁背上它都会被它带来的巨大债务压得喘不过气来，在这种情况下，洛杉矶市却提出申请举办奥运会，并奇迹般地声称将在不以

任何名义征税的情况下举办奥运会。尤其是尤伯罗斯任组委会主席后更是明确表示，不要政府提供任何财政资助，而政府不掏一分钱的洛杉矶奥运会将是有史以来财政上最成功的一次。

没有资金怎么办？一个字："借"。在美国这个商业高度发达的国家里，许多企业都想利用奥运会这个机会来扩大本企业的知名度和产品销售，尤伯罗斯已经清楚地看到了奥运会本身所具有的价值，把握了一些大公司想通过赞助奥运会以提高自己知名度的心理，于是他决定把私营企业赞助作为奥运会经费的重要来源。他参加每一项赞助合同的谈判，并运用他卓越的推销才能，挑起同行业之间的竞争来争取厂商赞助。对赞助者，他从来不因自己是受惠者而唯唯诺诺，反而对他们提出了很高的要求。

例如，说明赞助者必须遵守组委会关于赞助的长期性和完整性的标准，赞助者不得在比赛场内包括空中做商业广告，赞助的数量也不得低于500万美元，本届奥运会正式赞助单位只接受30家，每一行业仅仅选择一家，赞助者可取得本届奥运会某项商品的专卖权，等等。这些听起来很苛刻的条件反而对企业具有了更大的诱惑性，各大公司只好拼命抬高自己赞助额的报价。这个出奇制胜的点子推出后，尤伯罗斯就筹集了3.85亿美元的巨款，这已经是传统做法的几百倍了。另外赞助费中数额最大的一笔交易是出售电视转播权。

尤伯罗斯巧妙地挑起了美国三大电视网争夺独家转播权的战争，借它们竞争之机，然后将转播权以2.8亿美元的高价出售给了美国广播公司，从而获得了本奥运会总收入1/3以上的经费。此外，他又以7000万美元的价格把奥运会的广播权分别卖给了美国、欧洲和澳大利亚的广播公司。

庞大的奥运会，所需服务人员的费用是一笔很大的开销。于是尤伯罗斯开始在市民中号召无偿服务，成功地"借"来三四万名志愿服务人员为奥运会服务，而代价只不过是一份廉价的快餐加几张免费门票。

奥运会开幕前，要从希腊的奥林匹亚村把火炬点燃，空运到纽约，再蜿蜒绕行美国的32个州和哥伦比亚特区，途经41个大城市和1000个镇，全程1.5万千米，最后传到洛杉矶，在开幕式上点燃。

以前的火炬传递都是由社会名人和杰出运动员独揽，并且火炬传递也只是为了吸引更多的人士参加奥运会，有的国家花了巨资吃力不讨好，有的国家干脆用越野车拉着火炬到全国转一圈就结束了。尤伯罗斯看准了这点：以前只有名人才能拥有的这份权利、这份殊荣，一般人也渴望得到。于是他就宣传：要想获得举火炬跑1000米的资格，需交纳3000美元。人们蜂拥排队去交钱！他们认为这是一个难得的机会，因为在当地跑1000米，有众多的亲朋、同事、邻里观看、鼓掌、喝彩，这是一种多么巨大的个人荣誉。就这样，仅这一项尤伯罗斯就筹集了4500万美元。

另外，尤伯罗斯打破以往奥运会当场售票的单一做法，提前一年将门票售出，由此获得丰厚的利息。因为成功的经营，这届奥运会净盈利1.5亿美元。收入结果公布后，一下子震动了全世界。这是20世纪巧用"借"发大财的最成功案例。

犹太人的一句经商名言说："如果你有1块钱，却不能做成10元甚至100元的生意，那么你永远成不了真正的企业家。"所谓生意的成功，并不是只顾实行自己的构想，而是巧妙地运用他人的智慧和金钱，以创造另一番事业。在借用别人的钱袋子的时候，你必须要有明确的指标，将赚回来的钱除去基本开支外，其余的放回生产线上；社会上最普遍的筹集他人资金来发展事业的机构是银行和保险公司。如果有雄心大干一番事业，你必须借用别人的资源；如果一味地固守个人风格，只会困于自己的圈子，永远做不出令人震惊的大事。

法国著名作家小仲马在剧本《金钱问题》中说过这样一句话："商

业，是十分简单的事。它就是借用别人的资金！"这也说明了财富是建立在借贷上的。借是一种策略，但更是一种高深的智慧。"借"是将生意做大的捷径，所以说，只有会借、善借，才能获得自己想要的东西。

俗话说："众人拾柴火焰高。"聪明人总是努力扩充自己的头脑，学会借他人的力量，并把这种力量融入自己的奋斗中，使自己的能力成倍提高，从而轻而易举地完成自己要办的事，使自己的期望和梦想成为现实。

"好风凭借力，送我上青云"，聪明人知道"借"的妙处。学会了借力，善于利用别人的资源，就意味着你会节省大量的时间和金钱，提前奋斗成功。当别人在为"无路可走"郁闷时，你已经利用多方面条件为事业铺平了道路；当别人劳心费力地创造条件时，你已经利用别人的资源成功了，不费吹灰之力地达到目的。因此，如果你想很轻松地使自己获得成功，获得财富，就要学会巧妙地运用"借"，这是一种高明的手段。

第五章 左右逢源，善于交际的人好办事

察言观色，读懂对方心理

俗话说："出门看天色，进门看脸色。"所谓察言观色，意思是说一个人要经常观察他人的言语脸色，揣摩他人的意图，做到有的放矢。

察言观色是一切人情往来的交往技术，也是了解他人的窗口。如果你的观察能力强，你就能够很好地察言观色，在社会交际中就可以做到知己知彼，从而减少不必要的摩擦和误解。

有位心理学家曾讲过："在所有的知识中，最需要学习的就是如何洞察他人。"在与人交谈中，既要察言，又要观色，把它们结合起来，这对提高我们的口才能力十分重要。如果我们每个人都能察言观色，及时地改变先前的决定，及时地退或进，及时地把自己的言行组合或分解，及时地控制自己的喜怒哀乐，那么，我们与他人的关系一定会更加和谐。

西汉初年，汉高祖刘邦打败项羽，平定天下之后，开始论功行赏。这可是攸关后代子孙的万年基业，群臣们自然当仁不让，彼此争功，吵了一年多还没吵完。

汉高祖刘邦认为萧何功劳最大，就封萧何为侯，封地也最多。但

群臣心中却不服，私底下议论纷纷。

封爵受禄的事情好不容易尘埃落定，众臣对席位的高低先后又群起争议。许多人都说："平阳侯曹参曾身受七十多次伤，而且率兵攻城略地，屡战屡胜，功劳最大，他应排第一。"刘邦在封赏时已经偏袒萧何，委屈了一些功臣，所以在席位上难以再坚持己见，但在他心中，还是想将萧何排在首位。

这时候，关内侯鄂君已揣测出刘邦的心意，于是就顺水推舟，自告奋勇地上前说道："大家的评议都错了！曹参虽然有战功，但都只是一时之功。皇上与楚霸王对抗五年，时常丢掉部队，四处逃避，萧何却常常从关中派员填补战线上的漏洞。楚、汉在荥阳对抗好几年，军中缺粮，也都是萧何辗转运送粮食到关中，粮饷才不至于匮乏。再说，皇上有好几次避走山东，都是靠萧何保全关中，才能顺利接济皇上的，这些才是万世之功。如今即使少了一百个曹参，对汉朝又有什么影响？我们汉朝也不必靠他来保全啊！你们又凭什么认为一时之功高过万世之功呢？所以，我主张萧何第一，曹参居次。"

这番话正中刘邦的下怀，刘邦听了，自然高兴无比，连连称好，于是下令萧何排在首位，可以带剑上殿，上朝时也不必急行。

而鄂君也因此被加封为"安平侯"，得到的封地多了将近一倍。

其实，每个人在与别人进行交流的时候，他的表情、动作都会向对方传达很多的信息，所以，我们一定要学会察言观色。察言观色是我们在人际交往中不可不必备的技能。

"脸上的表情，天上的云彩"，聪明的人都具有察言观色的本领，他们能够根据对方的言行举止、喜怒哀乐等来分析自己的言行是否合理。这样的人往往比一般人具有更强的适应性，至少他们不会在对方高兴时泼一盆冷水，弄得大家不欢而散，更不会在对方愤怒时出言不逊，惹祸上身。

一个人的心理活动虽然隐秘，但不可能永远潜藏着，总会以这样那样的方式显露出来。所以，只要善于揣摩对方的心思，感受对方的心情，具有较高的语言表达能力，就能以积极、主动的方式和对方交往，营造和谐的人际关系。

在人际交往中，许多人都希望得到他人的认可和赞美。所以我们要善于发现他人的优点和长处，当我们有求于人时，如果能够学会察言观色，针对他的长处说一些让他高兴的话，即使再难办的事情，他也会助你一臂之力。而不懂得察言观色、攻心为上的人，就无法顺利地达到自己的目的。所以，在说话之前，一定要看清对方的脸色，再决定自己到底要说什么话。

站在对方的立场看问题

如果说成功有什么秘诀的话，那就是要站在对方的立场看问题，并不断满足对方的需要。心理学上将"站在对方的立场上看问题"称为"心理位置互换"，并发现当你站在对方的立场看问题时，不仅可以使你消除心中的积怨和愤恨，还能进一步促使与他人之间的和谐关系的发展。

如果在与人交往时，你只想着自己的方便、舒服，而不去考虑他人的心理感受，就很容易产生矛盾，而且事情也不会像自己想的那样顺利，只从自己的角度考虑问题，会使人际关系恶化，同时也会滋生出非常多的矛盾和烦恼。

霞进入了一家地产中介公司，成了一名地产经纪人。

有一天，她带一个客户去看房，在看房前这位客户一直在问有关物业的详细信息，在接下来的深入接触中，霞很热心地带客户看了这

家物业，客户表示希望购买这套房子，但却执意不肯签单，经过霞的强烈要求，这位客户最终在合同书上签下了名字。

霞已经感觉到了这位客户在极力掩饰什么，因为在行业中出现过"跳单"的现象，就是买卖双方通过中介的居间服务联系上之后，客户跳开中介，自行成交或委托其他中介公司代办房屋过户服务，以此逃避支付中介费或少付中介费。于是，霞并没有再提及这件事情，而是和客户海阔天空地聊起了家常，慢慢了解到这位客户一直对中介并不信任，采取提防的态度，而且客户最终在合同书上签下的也并非她的真实姓名，而是一个假的名字，这位客户由于本身对中介的不信任，以及工作、家庭的种种因素而未留其真实姓名。

了解到这些信息后，霞开始对这位客户进行细心的解释和引导，客户开始对霞产生了一份信任感，最终成交了这套房子。接下来，她还给霞介绍了两位客户，其中一位已成交。

你站在对方的立场上，对他们所采取的态度表示理解，学会关心和体谅他们，让他们一开始所持的怀疑态度得到释放，这不仅可以保护自己，也可以最大限度地挽救客户。如果能将未成交的客户当成"爱人"对待，把已成交的客户当成"家人"，设身处地地为他人着想，交换立场，以诚待人，享受工作的乐趣，也会得到的比别人的更多，保持良好的工作态度和热忱的服务会给你带来意想不到的收获。

只有站在对方的立场来看问题，你才能看得更深入、更清楚，才能看懂和分辨身边的一些人和事，才不会被表面现象所蒙蔽，从而才会树立正确的思想观、价值观和人生观，建立融洽的人际关系。

那么如何站在对方的立场看问题呢？

1. 以对方的心理进行思考

在与他人相处时，每个人都有自己不同的背景、习惯和思维方式，所以大家都没有理由苛求他人，如果能够换一个角度、站在对方的立场上为别人着想，理解一下对方的处境，感受一下对方的心理，就能够缩短与对方的心理距离，以更好、更富有人情味的方法解决问题，这样既能加深双方的友谊，又能提高做事效率。

2．设身处地，互换角色

通常，对方能够感觉到你所表达的这种"于我心有戚戚焉"的感觉是不是发自内心，是否真诚。你的真实感受，会在你说话时的腔调和姿态上表现出来。设身处地为对方着想，与对方保持一致的立场，会让对方心生困惑，最终会让对方产生很大的触动，促使他们考虑改变自己的敌对心态。仅仅是转变了一下观念，学会站在对方的立场看问题，你就可以获得一种快乐。你会发现，对方的所思所想、所喜所恶，都仿佛进入了你视线中。这样，在以后的各种交往中，你就可以从容应对，要么伸出理解的援手，要么防范对方的恶招，而且一旦知道对方想出什么招，大概就胜券在握了。

3．学会善解人意

站在对方的立场看问题，当你揣测对方的心理时，可以增加对对方的心理认同，这样有助于沟通，增强彼此的信任感；另外，这样还能对对方产生一种暗示效应，逐渐使对方的情绪和身心得到放松，从而提高对信息的接受度。

4．检视自己内心是否有疏忽

既然站在对方的立场看问题，是孙子兵法"知己知彼，百战不殆"的现代运用，那么，对于自身而言，就要随时检视一下自己的内心，看看自己哪些应该继续发扬，哪些应该进行修正，而哪些是应该完全剔除的。

5．消除对方的戒备心理

当你站在对方的立场上，设身处地为其着想时，能够切身了解对方、理解对方的所思所想，那么你与对方的频率就会保持一致，从而消除对方的戒备心理，有了融洽的人际关系后，其他的一切也就迎刃而解了。

给别人留足面子，他自然会感激你

人们常说："人要脸，树要皮。"这句话说出了人性的一大特点：爱面子。可是我们不能只爱自己的面子，而不给他人面子。面子是一个人的尊严，对很多人来说利益可以失去，但面子绝不能失去。面子问题是头等大事，因此，我们要学会为他人保留面子。

战国时期，各诸侯国互相征战，老百姓不得太平，如果再加上天灾，老百姓就没法活了。这一年，齐国大旱，一连3个月没下雨，土地干裂，庄稼全死了，穷人吃完了树叶吃树皮，吃完了草苗吃草根，眼看着一个个都要饿死了。可是富人家里的粮仓却堆得满满的，他们照旧吃香的喝辣的。

有一位名叫黔敖的财主在大路旁摆了一些食物，等着饿肚子的穷人经过，施舍给他们。一天，有一个瘦骨嶙峋的饥民走过来，只见他满头乱蓬蓬的，衣衫褴褛，一双破烂不堪的鞋子被草绳绑在了脚上，他一边用破旧的衣袖遮住面孔，一边摇摇晃晃地迈着步，由于几天没吃东西了，他已经支撑不住自己的身体，走起路来有些东倒西歪，黔敖看到后，便左手拿起食物，右手端起汤，傲慢地吆喝道："喂！来吃吧！"那个饿汉抬起头轻蔑地瞪了他一眼，说道："我就是因为不吃这种嗟来之食才饿成这个样子的。"黔敖也觉得自己做得有点过分，便向饿汉赔礼道歉，但那饿汉为了维护自己的尊严，拒绝了这嗟来之食，最终饿死于路旁。

黔敖本来是出于一片好心，来资助那些需要帮助的人，但是在此过程中他并没有顾及别人的面子，结果别人宁愿饿死，也不愿吃这些嗟来之食。由此可见面子在人们心中的位置。

我们每个人都有自尊心和虚荣感，甚至连乞丐都不愿受嗟来之食，因为那样有伤尊严，并且有辱人格。连乞丐都懂得做人要有尊严，更何况是原本地位相当、平起平坐的朋友或同事。但是有不少人就是不懂这个道理，总爱扫人的兴，当着众人的面令同事或朋友下不了台，这样就会导致双方撕破脸皮，不欢而散。

在人际交往中，要想与别人建立和谐的关系，就必须懂得为他人保留面子。人际关系是相互的，你希望别人怎样对待你，你就应该怎样对待别人。尊敬别人，给别人面子，其实也是给自己留余地。

每个人都会有走不下去的时候，每个人都会遭遇尴尬，当别人爬不上来时，递一把梯子给对方，那么，你得到的不仅是自己的成功，更多的是别人的尊敬。一两句体谅的话，对他人的态度做宽大的理解，这些都可以减少对别人的伤害，保住他人的面子。给别人递把梯子，给别人留个台阶，帮助别人走过尴尬，对人是一种温暖，对己是一种修养。

一家公司连续几个月经营都不景气，主要是由于销售部经理的短见和固执己见造成的。在经营讨论会上，看到经理依然不能听大家的意见，而且有意向管理层隐瞒自己的失误，王林忍无可忍，拍案而起，指责经理的种种不是，同事们为他的勇气感到惊讶。他也自认为这样做是为了公司的利益，没有什么个人恩怨掺杂其中。看到经理在大家的注视下脸色十分难堪，紧紧咬着嘴唇，此时，王林才发现自己做得有些过火。

事实上，无论你采取什么样的方式指出别人的错误，即使是一个藐视的眼神，一种不满的腔调，一个不耐烦的手势，都可能让别人觉得没面

子，从而带来难堪的后果。不要想着对方会同意你所指出的错误，因为你否定了他的智慧和判断力，打击了他的自尊心，同时还伤害了你们的感情，他非但不会改变自己的看法还会进行反击。所以，在给别人指出错误的时候要委婉，讲究方式，给别人留个面子，这样会更容易让别人接受。

学会给别人留面子，是人际交往中的一条基本原则。可以说，你每给别人一次面子，就可能增加一个朋友；你每驳别人一次面子，就可能增加一个敌人。只有把别人的面子顾及到了，我们才能在这个社会中如鱼得水地生存。

善于推销自己，展示自己

人人都是推销者，人的一生都在不断地推销自己——不论是在工作中、生活中还是爱情中。演员要向观众推销自己的表演才华，销售员要向客户推销自己的产品，求职者要向主考官推销自己的能力和专长……推销自己是门艺术，只有掌握了其中的策略和技巧，才能把自己的意图、知识、优点、服务、人格魅力等推销给别人，博取对方的理解、好感和支持，才能顺利取得成功。

东方朔是东汉时期的一大文豪，深受汉武帝器重，而他之所以被重用就是由于他成功的自我推销。他刚到长安时，向汉武帝上书，就用了三千片木牍，公车令派两个人去抬才勉强能抬起来。汉武帝用了两个月才把它读完。东方朔在奏章中一点也不忌讳地说了自己一大堆优点，称自己是个不可多得的人才。皇帝看完他的奏章，心动不已，但怀疑他是在夸夸其谈，所以没有马上重用。

东方朔并没有灰心，而是另辟蹊径向皇帝推销自己。当时，与东方朔并列为郎的侍臣中，有不少是侏儒，东方朔就吓唬他们，说皇帝嫌他们没用，要全部杀死他们。侏儒们吓坏了，禀告皇帝，皇帝便诏问东方朔为何要吓唬他们。

东方朔见机会来了，就说："那些侏儒不过三尺，俸禄是一口袋米，二百四十个铜钱，我东方朔身长九尺有余，俸禄也是一口袋米，二百四十个铜钱，侏儒饱得要死，我却饿得要死。陛下要觉得我有用，请在待遇上有所差别；如果不想用我，可罢免我，那我也用不着在长安城要饭吃了。"

皇帝听了大笑，决定马上提高他的待遇。东方朔之所以一直是皇上面前的红人，靠的就是他的自我推销的艺术。

卡耐基说："生活就是一连串的推销，我们推销商品，推销一项计划，我们也推销自己。推销自己是一种才华，一种艺术。当你学会推销自己时，你几乎就可以推销任何有价值的东西了。"可见，学会推销自己是每个人必不可少的一门学问。

生活中，我们每个人都需要推销自己，因为这是体现自己的人生价值的需要。不论你从事何种职业，你随时都在向别人推销自己的观点和意见，这是展示自己，和吹嘘完全不同。被人认可、接受、欣赏这更是一种价值的体现，你的言谈举止、社交礼仪、学识修养的展示，不仅使人对你产生深刻的印象，也使你能更有效地改进自己，更加适应高速发展、竞争激烈的现代社会。这就是成功地推销了自己的结果。

世界歌王帕瓦罗蒂到中国采风的时候，去北京中央音乐学院做访问。许多有音乐功底和有社会背景的学生都使出浑身解数，以求得在这位歌王面前一展歌喉。要知道，这可是一个难得的机会，哪怕是得到歌王的一句肯定，也足以引起中外记者们的大肆渲染，从而歌坛会耀升起一颗新星。在学院的一间教室里，帕瓦罗蒂耐着性子挨个听大

家唱歌，不置可否。正在沉闷之时，窗外有一男孩引吭高歌，唱的正是名曲《今夜无人入睡》。听到窗外的歌声，帕瓦罗蒂的眉头舒展开了："这个学生的声音像我。"接着他又对校方陪同人员说："这个学生叫什么名字？我要见他并收他做我的学生！"这个在窗外唱歌的男孩就是从陕北山区来的学生黑海涛。以他的资历和背景，根本没有机会面见到帕瓦罗蒂，他只能凭借歌声推荐自己。后来，在帕瓦罗蒂的亲自安排下，黑海涛才得以顺利出国深造。1998年，意大利举行世界声乐大赛，正在奥地利学习的黑海涛又写信给帕瓦罗蒂。于是，帕瓦罗蒂亲自给意大利总统写信，推荐他参加音乐大赛，黑海涛在那次大赛上获得名次。黑海涛凭着他那善于推荐自己的勇气和不断努力的精神，在他的音乐道路上取得了非凡的成就，现在黑海涛是奥地利皇家歌剧院的首席歌唱家。

由此可见，善于推销自己的人，总能让自己的才华被人发现和欣赏。人生中到处都有自我推销的机会，只要你时刻坚信这点，及时抓住身边转瞬即逝的机会，那么你一定能赢得他人的青睐，实现自己的梦想。

人活着就是在推销，每个人无时无刻不在推销着世界上最伟大的产品——自己。推销自己，就是让别人注意到自己，做人生舞台上的主角；推销自己，就是让更多的人接受自己，自然地融入人际关系中；推销自己，就是完美地展现自己，真正实现人生的价值。

帮助别人也是帮助自己

有一些人的头脑里，一直认为要帮助别人，自己就要有所牺牲；别人得到了，自己就一定会失去。其实很多时候，帮助别人并不意味着自己吃亏，这其实也是在帮助我们自己，正如爱默生所说："人生最美丽的补偿之一，就是人们真诚地帮助别人之后，同时也帮助了自己。"

有一个僧人走在漆黑的路上，因为路太黑，僧人被行人撞了好几下。

他继续向前走，看见有人提着灯笼向他走过来，这时候旁边有人说："这个盲人真奇怪，明明看不见，却每天晚上都打着灯笼！"

僧人被那个人的话吸引了，等那个打灯笼的人走过来的时候，他便上前问道："你真的是盲人吗？"

那个人说："是的，我从生下来就没有见到过一丝光亮，对我来说白天和黑夜是一样的。我甚至不知道灯光是什么样的！"

僧人更迷惑了，问道："既然这样你为什么还要打灯笼呢？是为了迷惑别人，不让别人说你是盲人吗？"

盲人说："不是的，我听别人说，每到晚上，人们都会变成和我一样什么都看不见，因为夜晚没有灯光，所以我就晚上打着灯笼出来。"

僧人感叹道："你的心地多好呀！原来你是为了别人！"盲人回答说："不是，我为的是自己！"

僧人更迷惑了，问道："为什么呢？"

盲人答道："你刚才过来有没有被人碰撞过？"

僧人说："有呀，就在刚才，我被两个人不留心碰到了。"

盲人说："我是盲人，什么也看不见，但我从来没有被人碰到过。因为我打灯笼既为了照亮别人，也为了让别人看到我，这样他们就不会因为看不见而碰到我了。"

僧人顿悟，感叹道："我辛苦奔波就是为了找佛，其实佛就在我身边啊！"

点灯照亮了别人更照亮了自己。由此可以参悟，在生活中与人方便，其实就是与己方便；帮助别人，实际上也是帮助了自己。

俗语说："投之以桃李，报之以琼瑶。"在日常生活中，许多偶然的事情，将会决定你未来的命运，而生活却从来不会说什么，只会用时间诠释这样一个真理：帮助别人，就是帮助自己。

一个穷苦学生为了付学费，挨家挨户地推销货品。到了晚上，发现自己的肚子很饿，而口袋里只剩下一个小钱。他鼓起勇气敲开了一户人家的门，当一位年轻貌美的女孩子打开门时，他却失去了勇气。他没敢讨饭，只要了一杯水喝。女孩看出来他饥饿的样子，于是给他端出一大杯鲜奶来。

他不慌不忙地将它喝下，而且问："应付多少钱？"

而她的答复却是："你不欠我一分钱。母亲告诉我们，不要为善事要求回报。"

于是他说："那么我只能由衷地谢谢了！"

当他离开时，不但觉得自己的身体强壮了不少，而且信心也增强了许多。

数年后，那个年轻女孩病情危急。当地医生都已束手无策。家人将她送进大都市，以便请专家来检查她罕见的病情。

他们请到了郝武德·凯礼医生来诊断。当他听说病人是某某城的人时，立刻穿上医生服装，走向医院大厅，进了她的病房。

医生一眼就认出了她。他立刻回到诊断室，并且下定决心要尽最大的努力来挽救她的性命。从那天起，他特别观察她的病情。经过一段漫长的治疗，她终于起死回生，战胜了病魔。

最后，批价室将出院的账单送到医生手中，请他签字。医生看了账单一眼，然后在账单边缘上写了几个字，就将账单转送到她的病房了。

她不敢打开账单，因为她确定，她需要一辈子才能还清这笔医药费。

但最后她还是打开看了，而且账单边缘上的一行字，引起了她的注意。

她看到了这么一句话："一杯鲜奶已足以付清全部的医药费！"签署人：郝武德·凯礼医生。

她眼中泛滥着泪水，心中高兴地祈祷着："天主啊！感谢您，感谢您的慈爱，爱由众人的心和手，不断地在传播着。"

俗话说："送人玫瑰，手留余香。"在帮助别人的过程中，我们得到的也许不是直接的、物质上的利益，而是间接的、精神上的收获，如境界的提升、心态的改善、助人的快乐，等等。这些收获虽然不那么实惠，但却会让我们长期甚至终身受益，而这是金钱换不来的。

许多人活了一辈子都想不到，自己在帮助别人时，也帮助了自己。一个人在帮助别人时，无形之中就已经做出了投资，因为别人对于你的帮助会永记在心，只要有机会，他们就会主动报答。

多个朋友多条路

生活中，我们不能缺少朋友。多结交一个朋友就多一条路，在你最困难的时候，往往是你的朋友帮助了你；离开了朋友，你往往就会陷入无助之中。朋友，是你人生中一笔巨大的财富，是关键时刻拉你一把的亲人。

莫洛尔在担任美国纽约某银行的董事长兼总经理的时候，他的年收入高达100万美元。但是他最初只不过是一个小法庭的书记员而已。后来让他的事业发生惊天动地变化的原因是什么呢？莫罗尔一生中最幸运，也是最重大的一件事就是他博得了一个大财团董事的青睐，从而一蹴而就，成为全国瞩目的商业巨子。据说这个大财团董事挑选莫罗尔担任这一要职时，不仅是因为他在经济界享有盛誉，更多的是因为他不但人格高尚，而且特别会与人相处，结交了很多朋友。而这些朋友也对大财团董事鼎力帮助，使其事业登上了顶峰。

其实，成功的过程本身就是一个不断结交朋友的过程。一个人有多成功，关键要看他服务了多少人，和多少人在为他服务。无论我们干哪一行，或从事何种职业，如果我们有很多朋友，获得成功就很容易；如果我们不知如何与他人相处，那么要获得成功就很困难。所有成功人士都有一个共同点，就是拥有大量的朋友资源，并与其保持着良好的关系。

　　朋友越多，出路越多；朋友越多，赚钱的机会自然也就越多。几千年来，这已经被无数的经验和教训所验证。友情是成大事者最重要的因素，也是我们挖掘人生金矿的必备要素！

　　严涛，五合国际建筑设计集团副总经理，人到中年，年收入已在100万元以上，还是一位知名的建筑设计师。曾经的楼王——售价达到1.3亿元的"紫园1号"，其设计者中就有严涛。

　　记者在采访他的时候问他成功的秘诀是什么，严涛认为除了拥有独特的建筑设计理念外，朋友的帮助也是他成功的关键。在他的职场生涯中，几次转机都得益于周围朋友的帮忙和支持。

　　严涛大学毕业后进入冶金工业部重庆钢铁(集团)设计院工作。在外人看来，这绝对是一份稳定的工作。但他在这家设计院工作了一年后，便接受了一位有见识的朋友的邀请，毅然辞职来到了海口市。当时的海口房地产业正在蓬勃发展中，他应邀加入一家民营建筑设计公司，他的工资一下子涨了几千元。在这里，他有了更多机会，结识了很多志同道合的朋友，这对他此后职场之路的发展起到了不可估量的作用。

　　海南的房地产市场在20世纪90年代中期就开始走下坡路了，进入了长达8年之久的"房产熊市"。显然这样的状况对正在发展事业的严涛会有很大冲击，这个时候，他接到了一个电话，是青岛的朋友推荐他去青岛建筑行业发展。于是严涛欣然前往，并在1998年担任西北建筑设计研究院青岛设计部总建筑师，1999年担任青岛海尔科技馆工程指挥部设计总监，这两个重要职务在他后来的职场之路上起到了不可低估的作用。

　　1999年，严涛曾在海南结识并帮助过的朋友海外留学归来，并打算创办一家设计公司，于是往青岛打电话，力邀严涛加入。这时的严涛也感到自己的职业生涯发展遇到了瓶颈，需要新的突破，于

是便答应下来，并在2000年加入了业界知名的五合国际建筑设计集团，担任副总经理一职。

严涛在毕业后短短5年时间里，从一个普普通通的设计师，成长为一个知名的总建筑设计师，这一方面说明他个人具备很强的学习认知能力，并能够迅速接受新的知识。另一方面，也是最重要的，即他常和朋友保持联系，比如在海南结识的朋友，在其后长达5年时间内没有失去联系，这恰恰为他的人生转机创造了机会。

在自己的发展道路上，结交朋友，让朋友推进自己的发展，有时要比只凭自己的努力更容易接近成功。这个道理，在严涛的身上能够得到很好的印证。对于正在打拼的人来说，多结交朋友，让朋友多提供一些机遇，或许离成功会更近。

广泛结交有用的朋友，是一条十分有效的获得长远发展的途径。现代社会的日益发展已经显示出人脉越来越重要，而且人们对人脉的认识也愈来愈深刻。依靠个人英雄主义获得成功，在今天的社会几乎是不可能的。著名人际关系学家哈维·麦凯曾经说过："你不能阻止世界改变，但是，你的能量还是比你想象的要大，因为你可以借助人际关系的力量，完成自己不能完成的事情。"

朋友对于个人的事业成功有着重要的影响。因此，我们只有不断地运用自己的人际关系，同时也不断地扩展新的人际关系，并用心去经营人际关系，才会取得成功。所以说，经营人脉，就等于在经营成功。只有广泛结交有用的朋友，获取属于自己的人脉，成功才会离我们更近！